La conquête de l'espace

La littérature défendue par La Tribu,
comme un électrochoc,
c'est l'émotion du premier battement de cœur.

www.editionslatribu.fr

Couverture : Mathieu Persan

Hé, le ciel, enlève ton chapeau. J'arrive !
VALENTINA TERECHKOVA,
PREMIÈRE FEMME
À ÊTRE ALLÉE DANS L'ESPACE

Je me disais, de toute façon, je vivrais sans peur. J'ai toujours été plutôt à affronter les dangers qu'à les fuir.
SIMONE DE BEAUVOIR

Pour Ed et Nino

« Achat maison de village, 120 m^2. Description du professionnel : maison mitoyenne au centre du charmant village de Saint-Sauveur-en-Puisaye dans l'Yonne. Cette maison se compose au RDC de : une belle entrée, un salon/cuisine de 30 m^2, une chambre, poutres apparentes et tomettes en damier. À l'étage : une salle de bains avec baignoire sabot et WC, un salon de 30 m^2 avec cheminée, et deux petites chambres, de 11 m^2 et 8 m^2. Chauffage : chaudière électrique. Vous trouverez également un grenier à aménager d'une surface d'environ 50 m^2. Un jardin de 80 m^2 est accessible depuis l'arrière de la maison. Proximité immédiate de nombreux commerces, commodités, et d'un centre de santé. Village vivant. »

Dès que la porte cède, je me faufile. J'ai besoin de silence et de recueillement pour découvrir la maison. Pour sentir si j'y suis bien, si son parfum me plaît, si je m'y projette. Je laisse l'agente immobilière entre les mains habiles d'Ed et prends de l'avance sur la visite. Mon premier réflexe est d'ouvrir les volets afin d'illuminer l'espace laissé depuis longtemps à l'abandon. La vue est banale : des voitures garées cachent partiellement une large rue et de petites maisons aux persiennes fermées, collées les unes aux autres. Je regrette l'absence de verdure mais le piaillement d'un cortège d'oiseaux me rappelle que le village est niché en plein cœur d'une nature généreuse. Je me vois ouvrir encore et encore ces volets grinçants, m'offrant *ad vitam aeternam* la même vue subtilement changeante en fonction des saisons.

Je n'aime pas le bruit des volets que l'on ferme le soir lorsque l'on traverse des villages. J'associe ce geste à de l'hostilité. Des visages sévères et impénétrables, des mains massives ou fébriles. Un geste qui vous dit : *Partez, il n'y a rien à voir.* Vous qui étiez distraitement en train d'observer une ombre s'affairer dans une cuisine, une chambre ou un salon. Vous qui vous demandiez : « Qui habite ici ? Quel métier font ces gens ? Vivent-ils ici depuis longtemps ? » La réponse ne se fait pas attendre et elle est implacable : *Mêlez-vous de vos affaires !*

Est-ce que les habitants de Saint-Sauveur-en-Puisaye ferment leurs volets avec âcreté ?

En revanche, ouvrir ses volets est un geste avenant. Un geste d'ouverture aux autres et à soi-même. Je ne fermerai pas mes volets, je ne ferai que les ouvrir.

À l'arrière de la maison, une chambre sombre et humide, encore plus délabrée que le salon. Pourtant, le large couloir en tomettes rouges et beiges qui distribue les pièces laissées pour mortes me charme. Il est décoré de babioles en tout genre, de tableaux kitch, de fleurs séchées. Un papier peint suranné éclaircit le tout.

Je gravis l'escalier en bois pour découvrir l'étage. Changement d'ambiance : un salon traversé de lumière en impose avec ses trois grandes fenêtres, ses rideaux rubis et un miroir en plâtre doré. Les rayons du soleil adoucissent le mobilier en bois foncé astiqué depuis des décennies par une fée du logis consciencieuse.

Depuis le salon de l'étage, une porte ouvre sur une

petite pièce de douceur et de mystère. S'y trouvent un lit trop court et trop étroit pour accueillir un corps de notre époque, un bureau en noyer, une chaise à l'assise rembourrée où un gilet en laine mauve troué par des mites a été délicatement posé. La chambre, figée dans le temps, donne l'impression que la propriétaire des lieux – une dame de quatre-vingt-quinze ans qui vit désormais chez ses neveux – a quitté son domicile avec la certitude qu'elle y reviendrait. Les murs sont tapissés de petites fleurs bleues. Je m'approche du motif avec l'envie d'y glisser ma main, de le caresser. Je m'assois sur le vieux lit qui s'enfonce sous mon poids, dégageant un nuage de poussière.

Je profite de ce silence, de ce moment de solitude, pour m'allonger et ressentir l'intimité de la pièce. Je me cale sur mon flanc droit, les jambes repliées, comme lorsque je dors. Dormirai-je un jour dans cette chambre ?

Depuis le lit, je ne distingue à travers la fenêtre que la partie supérieure de quelques toits mousseux et au loin un immense arbre encerclé d'oiseaux. Pas un son hormis le roucoulement d'un pigeon. Pas de hurlements, pas de scooters, pas d'odeur de pots d'échappement. Juste une fragrance de vieille bâtisse, de poussière incrustée dans les voilages, les rideaux, les lits et la moquette. Mon regard fixe de nouveau le motif floral. *Darling petite fleur bleue.* Ces mots ont surgi des tréfonds de ma mémoire.

D'où vient cette phrase ? Qui l'a prononcée ? Elle émane d'un endroit merveilleux et chaud. Où l'amour est inconditionnel. D'un endroit où mes incongruités, mes mauvaises notes, mon manque de confiance, ma fragilité, ma timidité ne sont pas jugés. À cet instant précis, je sais qu'il ne peut y avoir de retour en arrière. Cette toute petite pièce sera mon bureau. Et pour rien au monde je ne changerai ce papier peint.

Un doux parfum qu'on respire, c'est fleur bleue
Un regard qui vous attire, c'est fleur bleue
Des mots difficiles à dire, c'est fleur bleue

Charles Trenet a écrit cette chanson en 1937 lorsque ma grand-mère anglaise adulée, Betty, avait seize ans, des rêves de romance et d'ailleurs plein la tête. Betty qui, je l'ai compris plus tard, amorçait chacune des lettres qu'elle m'adressait avec ce surnom.

Maintenant que ma décision est prise, que cette maison est mienne, je cherche mon complice pour tenter de déceler ses sentiments. Ed est dans le jardin à l'arrière de la maison. Quatre gros buis taillés en boule se disputent le petit espace. Hormis des rosiers ici et là, du gravier recouvre le reste du terrain entouré de vieux murs en pierre. Je propose à l'agente immobilière que nous prenions le temps de visiter la maison seuls. Elle accepte mais, quelques secondes plus tard, elle est de nouveau à nos trousses. Difficile de la fuir. J'interroge Ed du regard, mes yeux euphoriques plantés dans les siens. Il répond tout sourire avec un discret pouce levé. L'agente immobilière a complètement oublié qu'une autre visite était prévue. Nous en profitons pour prendre congé et découvrir le village. Nous reviendrons après.

Saint-Sauveur-en-Puisaye compte neuf cents âmes, bâti à flanc de colline. Niché au cœur d'une Bourgogne boisée et rurale. D'épaisses maisons blotties les unes contre les autres, tels les membres soudés d'une même famille.

Qu'est-ce qui m'a pris, moi qui n'ai jamais songé à la possibilité d'un second lieu de vie, estimant que nous n'en avions ni les moyens, ni le temps, ni l'envie ?

Nous ne connaissons rien de cette bourgade. La lumière de fin d'après-midi caresse nos visages et plonge le village dans une ambiance sépia. Nos corps surexcités nous commandent de tourner à gauche pour remonter la rue Colette, anciennement connue sous le nom moins attrayant de rue de l'Hospice. Nous longeons la maison natale de l'écrivaine – une demeure imposante avec son perron et ses grandes fenêtres – avant de bifurquer une nouvelle fois à gauche dans la rue de la Roche, parallèle à *notre* rue du Grand-Jeu. Elle était déjà l'artère commerçante du village du temps de Colette qui, dans son œuvre, évoque l'officine de M. Collet, le pharmacien, la quincaillerie des frères Mabilat, la boucherie de Léonore.

Des badauds se promènent, font des courses, discutent, se hèlent, forment un ensemble dont je devine immédiatement que je voudrais faire partie. Une étrange impression de déjà-vu me saisit. C'est le souvenir lointain et enfoui du Broc, le village de mon enfance que je n'ai jamais revu.

Me reviennent en mémoire les pas des gamins courant dans les ruelles, Betty vêtue pour le soir, le temps qui s'étirait, la peur bleue ressentie lorsque nous passions devant le fou du village, l'odeur délicatement sucrée des feuilles de figuier, ces étés qui n'en finissaient pas.

Nous découvrons une boulangerie, un salon de coiffure qui propose aussi des massages, une galerie d'artistes locaux et un bouquiniste-brocanteur. Chez Christine et Patrick. À la vue des livres, je souris. Cette boutique labyrinthique mêle babioles, miroirs, disques, tables, chaises, vaisselle, lampes, nuisettes en lin, vieilles photos, sabots de paysan, et ouvrages anciens. Le commerçant est un bel homme dont les lunettes rondes, la bonhomie et les cheveux mi-longs me font penser à Cabu.

Toujours à l'affût d'informations, et parce que je suis exaltée par notre trouvaille, je lui glisse que nous venons de visiter la maison jaune, rue du Grand-Jeu. Il la connaît bien, ayant lui-même envisagé de l'acquérir pour son père âgé qu'il veut faire venir près de lui. L'escalier l'avait rebuté mais il avait été attendri par cette maison désuète. Il me raconte sa vie et je lui raconte la mienne avec l'impression étrange que nous nous connaissons déjà.

Je choisis trois Colette : *Claudine à l'école*, *Claudine*

à Paris et *La Chatte*. On ne peut pas habiter le village de Colette sans l'avoir lue. Je vais profiter des vacances qui arrivent pour la découvrir, ou plutôt la redécouvrir. Enfant, vautrée sur le tapis du salon familial, je me souviens de certains après-midi d'ennui à sortir un à un des Colette de la grande bibliothèque. Les titres de ses ouvrages m'attiraient. La série des *Claudine* résonnait avec la série des *Martine*. Mais lorsque je les feuilletais, la petite fille d'environ dix ans que j'étais se sentait dupée par l'autrice, dont l'écriture exigeante tranchait avec la simplicité des titres. La couverture de *Gigi* avait ma préférence en raison de la photo troublante en noir et blanc sur sa jaquette : une jeune fille accroupie suçait son pouce l'air boudeur. Après les premières pages, déçue, je reposais le livre sur l'étagère.

Sans que je comprenne pourquoi, Colette a déjà sa place dans mon imaginaire. Tout chez elle, ses chats enrubannés, sa coupe courte, son indépendance, son talent, sa liberté, son style vestimentaire années 1920, son espièglerie, m'est étrangement familier.

Au bout de la rue de la Roche, une place oblique s'offre à nous. Elle n'est pas particulièrement jolie avec ses voitures garées en son centre mais elle héberge deux cafés, une épicerie et un restaurant. Nous fonçons vers le café de la Puisaye, un bar-tabac dans son jus. La terrasse est bondée. Les clients jacassent, se taquinent, picolent déjà, attrapent les derniers rayons d'un soleil qui amorce sa lente descente vers l'horizon. Un concert doit se tenir le lendemain midi sur la place. Une table se libère. Françoise, vieille titi parisienne blonde décolorée, finit par nous demander sur un ton traînant ce que nous prendrons.

Elle revient une bonne dizaine de minutes plus tard en tirant la patte et pose nos deux expressos avec autorité sur la table. Aussitôt, elle se retourne vers d'autres clients, nous signifiant que nous ne sommes personne ici. Je l'observe et me dis pêle-mêle : elle a dû être très belle dans sa jeunesse ; peut-être a-t-elle été entremetteuse ; elle me fait penser à Arletty en blonde ; il ne faut pas l'avoir comme ennemie ; est-ce qu'un jour elle me reconnaîtra dans son café ?

Mon téléphone vibre. L'agente m'informe que l'autre visite est terminée et que nous pouvons revenir. Nous avalons notre café d'une traite et partons dans l'indifférence des convives déjà un brin enivrés.

Dernière partie inexplorée de la maison : le grenier. Il est grandiose avec ses poutres, ses tomettes roses, ses lucarnes. Le potentiel est sidérant. Madeleine Roux, la propriétaire des lieux, a vécu seule dans la maison durant une vingtaine d'années après la mort de son mari. L'agente immobilière nous explique qu'elle a condamné les pièces du bas pour ne vivre qu'à l'étage. Le contraste est saisissant entre les pièces désintégrées du rez-de-chaussée, dépourvues de radiateurs, et le bon état du couloir et de l'ensemble du premier étage. Allons-nous plonger et faire une offre comme évoqué sur la terrasse de l'Arletty locale ? Vais-je renier mon vieux mantra qui dit qu'on ne peut vivre entre deux domiciles ? Vais-je admettre que le Paris que j'aimais tant n'existe plus ? Que la vie y est devenue trop dure ? Que des ghettos de toutes sortes se sont imposés ?

Assis sur le perron de l'église, comme si notre vie en dépendait, nous remplissons la paperasse nécessaire pour l'offre. Si elle est acceptée, il faudra convaincre une banque. En l'espace de quelques minutes seulement, nous avons été certains que cette maison d'un autre temps et ce village nous offraient un nouvel avenir.

Le psychologue et écrivain François Vigouroux suggère que les désirs les plus violents, les plus émotifs, les plus inconscients, donc les plus importants, s'investissent dans la résidence secondaire, plus que dans l'habitation principale. « Sans doute sont-elles un luxe. Ceux qui les possèdent n'ont plus à affronter des problèmes de toit, de froid, d'identité, de sécurité – ils les ont résolus avec leur résidence principale – mais des problèmes beaucoup plus affectifs et psychiques[1]. » En tombant amoureuse de cette maison, de ce village, je me demande à quelles lois profondes je suis en train de répondre.

Je dors très mal cette nuit-là. Une foule de questions, tenues éloignées la veille, font irruption. Comment ce nouveau lieu affectera-t-il le cours de nos existences ? Notre vie de couple sera-t-elle chamboulée ? Est-ce que notre fils adolescent l'aimera ? Voudra-t-il y passer du temps ? Ne sommes-nous pas inconsciemment déjà en train de nous séparer de lui ? Est-ce que nous trouverons une banque assez folle pour accepter que nous nous endettions davantage ? La maison est-elle saine ? N'aurait-il pas fallu en savoir plus avant de se jeter à l'eau ? Le terme de « vice caché » tournoie dans ma tête tel un moustique prêt à tout pour me narguer.

Nous passons la nuit dans la très vide Auberge des Sources à Druyes-les-Belles-Fontaines, un splendide village non loin de Saint-Sauveur, dominé par les vestiges de son ancien château fort. Nous sautons le petit-déjeuner et déambulons dans la bourgade. Peut-être avons-nous commis une erreur de débutant en jetant notre dévolu sur la première maison visitée. Saint-Sauveur n'est-il pas ordinaire et un brin triste comparé à ce bijou ? Mais après un tour complet sans croiser âme qui vive, notre enthousiasme retombe tel un soufflé. Comme lorsqu'on rencontre une personne très belle qui n'a rien à dire. Déjà dans les années 1960, Georges Perec raconte : « [Ce village est] maintenant peuplé de retraités et de citadins qui y viennent en week-end et un mois chaque été[2]. » Par contraste, Colette écrivait à propos de Saint-Sauveur : « C'est un village, pas très joli même, et que pourtant j'adore[3]. »

Nous rentrons dans notre bourg. Le ciel est, aujourd'hui encore, d'un bleu catégorique. Sur la place, un groupe local de rock amateur se produit sur une estrade. Des gens du coin et des touristes tapent du pied. Nous nous installons sur un banc surplombant la place pour déguster un sandwich poulet-salade concocté par le timide épicier du village. L'effort pour faire vivre ce bourg nous semble vertigineux. Est-ce le hasard du calendrier ? Sommes-nous tombés sur le seul week-end animé de l'année ? Est-ce mort le reste du temps ? Pourquoi Saint-Sauveur ferait-il exception dans cette région frappée de plein fouet par l'exode rural ?

Me revient l'image d'un bout de paradis bourguignon, non loin d'ici. La campagne y est traversée par des champs aux courbes sensuelles, des forêts, des prairies gorgées d'eau, des maisons de pierre surmontées d'amples greniers. Le décor fantomatique d'une France qui s'est échappée d'elle-même. Nous sommes dans la Nièvre à Menou, village à mi-chemin entre Donzy et Varzy, des villes dépeuplées où est accroché sur presque chaque façade de maison un panneau déjà jauni par le temps. À VENDRE.

Il y a des années, nous y avons déniché une petite tuilerie à louer, où nous sommes souvent retournés le temps des vacances. Au-delà de l'amitié nouée avec les propriétaires, Ed et moi nous sommes attachés à ce hameau perdu. Je sais pourtant qu'il me serait impossible de m'y installer. L'absence de véritable présence humaine m'accablerait dès le premier jour.

Après notre déjeuner, direction le lac du Bourdon, le plus imposant de Puisaye, où nous pataugeons dans l'eau argileuse et les hautes herbes. Nous nous prenons en photo hilares, enivrés par l'audace et l'appréhension de ce grand saut dans le vide. De l'autre côté du lac, nous apercevons une plage de sable, une friterie, des baigneurs, un camping. Nous continuons à nous pincer l'un l'autre. Tout semble conçu pour nous rendre heureux : une maisonnette simple mais charmante avec son jardin de derrière, un village doté d'une forte personnalité, ses habitants, ses commerces, une nature préservée de lacs, de marécages et de forêts.

L'excitation est telle que je ne peux m'empêcher d'appeler ma mère pour lui conter notre aventure. Après une réaction mitigée prévisible – « tu n'as pas de voiture », « tu n'as pas d'argent », « à ton âge je n'avais pas de maison de campagne » – elle freine, fait marche arrière, et me demande d'une voix presque aphone : « Attends, tu as dit Saint-Sauveur ? Tu veux dire le Saint-Sauveur de Colette ? Mais savais-tu que c'était le village préféré de ta grand-mère ? »

« Savais-tu que c'était le village préféré de ta grand-mère ? » résonne mille fois dans ma tête. Ma grand-mère drapée dans son mystère, sa puissance silencieuse, revient dans ma vie, dix ans après sa mort.

Un écho me parvient et répète : *Il n'y a pas de hasard dans ton choix.* J'ai séparé les mots les uns des autres : « village », « préféré », « grand-mère ». Comment Saint-Sauveur pouvait-il être le village favori de Betty ? Y avait-elle passé des vacances ? Le connaissait-elle depuis longtemps ? Y allait-elle en pèlerinage pour rendre hommage à Colette comme d'autres vont à Lourdes ou sur le chemin de Compostelle ?

Une mélancolie me saisit en l'imaginant déambuler dans les rues de mon village. Elle était là lorsque je n'y étais pas. Et à présent que j'y suis, elle n'y est plus. Et si c'était elle qui avait guidé mon choix ? Sa présence flottante m'enveloppe. Tous les jours, je pense à elle. Avec le temps, l'image se fait plus abstraite, plus floue, mais son aura demeure.

Je me demande ce qu'elle a ressenti en flânant dans les rues de Saint-Sauveur, à quoi ressemblait la commune à cette époque. Et qu'y recherchait-elle ? A-t-elle eu un coup de foudre inexpliqué, comme sa petite-fille, pour ces rues un brin décaties, ces petites maisons voûtées et ridées, cette atmosphère surannée d'un monde qui n'existe presque plus ? Ce village si proche de Paris et pourtant si éloigné dans ses manières. Est-elle passée devant la maison du Grand-Jeu, à cinquante mètres seulement de la maison Colette ? S'y est-elle arrêtée ? J'imagine les regards ébahis des habitants s'interrogeant sur l'identité de cette longue femme à la démarche élégante. Une femme *d'un certain âge*, atypique, diffusant une lumière inhabituelle qui semblait abriter tant de secrets.

Elle aimait donc Colette. Bien sûr qu'elle aimait Colette. Comment ne pas le savoir ? Comment l'avoir oublié ? Je ne sais rien de leur relation et pourtant elle me paraît à présent évidente. Betty raffolait des femmes libres, de celles qui prennent des risques, n'ont pas peur d'assumer qui elles sont, vivent sans se compromettre et surtout n'acceptent pas que l'ombre d'un homme fane leurs ardeurs. Dans son panthéon féminin figurait Sarah Bernhardt, dont l'existence fut une aventure perpétuelle. En 1880, la comédienne quitta avec fracas la Comédie-Française pour créer sa propre compagnie. Elle traversa les continents, pulvérisa maintes fois les limites et plafonds de verre fixés par son époque, jouant des rôles d'homme, utilisant tout ce qui était à sa portée pour s'élever parmi les étoiles.

À l'adolescence, Betty m'a offert sa photo et m'a dit : « Tu lui ressembles. » Longtemps, j'ai scruté la carte postale que j'avais accrochée à mon mur. Il y avait bien cette tignasse épaisse et bouclée qui évoquait la mienne, une douceur dans la courbe de ses épaules. À part cela, j'avais beau chercher, je ne voyais vraiment pas.

Betty aspirait à ce que je poursuive mes rêves les plus fous, ou les siens, peu importait du moment qu'ils étaient beaux et grands. Elle m'imaginait en tragédienne, en intellectuelle fréquentant les cafés parisiens, rencontrant une flopée d'artistes qui vivraient la bohème. Je serais un Ernest Hemingway féminin. Je serais pauvre. Pas de place pour un homme. Jamais elle ne m'imaginait mariée ou avec des enfants. Je serais une femme libre ou je ne serais rien. J'incarnais son fantasme vivant. Je serais ce qu'elle n'avait pas été. Cette femme qui veut tout, qui prend tout, qui s'autorise tout. Sa fille unique, ma mère, avait épousé un homme et adopté une vie stable et rangée. Malgré des études universitaires poussées, elle acceptait la domination financière de son mari, un machiste taciturne. Betty respectait ses choix et ne la jugeait pas. En revanche, il fallait tout faire pour corriger le tir avec *petite fleur bleue*.

Aux côtés de Sarah Bernhardt, Joséphine Baker occupait une place de choix. Cette femme noire, née dans une famille modeste du Missouri, avait vu très grand. Elle surmonta avec une force digne d'une super-héroïne les obstacles qui s'érigèrent sur son chemin. D'abord artiste de rue, puis danseuse à Broadway, elle s'échappa de son pays raciste pour venir à Paris où elle triompha dans *La Revue nègre*, un spectacle où elle dansait le charleston vêtue d'une ceinture de bananes. *On ne sort pas de sa condition si facilement*. C'est en œuvrant pour la Résistance française que Baker se mua en icône. Elle était prête à mourir pour défendre sa nouvelle patrie et sa liberté si chèrement acquise. Fascinée par son courage, son indépendance et son talent, Betty m'envoyait par la poste des photos d'elle ou des articles de journaux la concernant. Je les entassais dans un coin mais ne les lisais pas. Je dois l'avouer : Joséphine Baker et Sarah Bernhardt ne m'intéressaient pas beaucoup. Elles appartenaient à un passé qui ne pouvait se revisiter.

Betty était si éprise de ses héroïnes qu'elle s'inspirait de leur style vestimentaire et de leur maintien : ceinture taille basse, broches théâtrales, paillettes, allure majestueuse et corps souple.

À plusieurs reprises, nous nous sommes écharpées au sujet de Simone de Beauvoir dont j'admirais l'œuvre. Ses réflexions sur les relations entre les hommes et les femmes me renvoyaient à mes propres questionnements de jeune adulte et faisaient écho à la rage ressentie, enfant, face à l'emprise de mon père sur ma mère. Betty considérait que l'intellectuelle n'était pas allée au bout de son féminisme. En acceptant la polygamie de Jean-Paul Sartre, en « recrutant » de jeunes élèves avec qui elle entamait des liaisons avant de les « livrer » à son homme, Beauvoir n'avait-elle pas reproduit sous une autre forme tout ce qu'elle exécrait ? Elle avait théorisé sur la question de l'égalité entre les sexes et écrit des ouvrages qui avaient structuré l'émergence du mouvement féministe, mais sans saisir sa liberté à bras-le-corps. L'écrivaine faisait passer les relations secondaires de Sartre et leurs triangles amoureux pour de la modernité, le refus de se conformer aux codes de la bourgeoisie. Beauvoir ne souffrait-elle pas en réalité de cette situation ? Croyait-elle que, si elle quittait Sartre, sa carrière échouerait ? Qu'une femme ne pouvait réussir qu'aux côtés d'un homme ? Et même si elle niait la douleur qui la rongeait, ses écrits prouvent tout le contraire.

Dans son premier roman, *L'Invitée*, Beauvoir raconte le déchirement, l'humiliation et la jalousie d'une femme mûre au sein d'un ménage à trois avec son mari et la jeune Xavière. L'héroïne finit par tuer sa rivale. L'écriture est un merveilleux exutoire.

Betty avait raison et j'avais tort. Cela n'empêche pas que Beauvoir restera pour moi l'une des plus grandes. Jusqu'à la découverte de ses journaux et romans autobiographiques, à la vingtaine, je n'avais pas conscience de la différence entre les auteurs hommes et femmes. J'avais grandi dans un monde littéraire presque exclusivement masculin et aimé avec passion des personnages féminins : Jeanne dans *Une vie* de Maupassant, Anna Karénine dans le roman éponyme de Tolstoï, Célestine, la narratrice dans *Journal d'une femme de chambre* d'Octave Mirbeau, pour n'en citer que trois.

Avec Beauvoir, ce qui changeait, c'était le regard. Une femme utilisait ses expériences pour donner du sens au monde qui l'entourait. Dans ce monde post-Beauvoir, il me fallait lire des femmes, beaucoup de femmes. Je ressentais du dégoût à l'idée de m'être ainsi fait avoir. D'avoir cru bêtement que le genre des auteurs ne comptait pas. Ce déni collectif nous avait sans doute aidées à tenir. Sans cela le désespoir nous aurait menées à la folie. J'avais perdu trop de temps et je désirais éprouver la manière dont d'autres femmes percevaient le monde.

Je savais que ces lectures me permettraient de mieux me comprendre, d'assumer mon identité et mes désirs. La découverte de Beauvoir avait agi comme un révélateur. Alors, que Betty ait eu raison ou pas, je persistais à défendre l'autrice. Et aujourd'hui, elle tient sa revanche. Son nom n'a jamais été autant évoqué pour son œuvre et non plus comme la femme-écrivain-compagne de Sartre qui écrivait avec allure aux Deux Magots.

« Toi et moi nous ne serons jamais d'accord sur Simone de Beauvoir », concluait toujours Betty d'un ton amusé.

Je ne sais pas ce que ce rejet de l'intellectuelle disait de ma grand-mère. Était-elle une féministe ? Je ne crois pas l'avoir jamais entendue prononcer ce mot.

Je veux en savoir plus sur ces intrigantes visites de Betty à Saint-Sauveur, mais ma mère n'a pas d'autres détails à m'offrir. « Par contre, si ça t'intéresse, j'ai une photo de ta grand-mère devant la maison de Colette. » Une photo de ma grand-mère à Saint-Sauveur ? L'émotion que soulève cette découverte me laisse sans voix.

De retour à Paris, je récupère, en haut d'une étagère, deux vieilles boîtes contenant des centaines de lettres recouvertes de couches épaisses de poussière. Les boîtes d'une autre vie.

J'ai tout gardé : mes correspondances adolescentes – Karine, Floflo, Anne-Laure, Marie, Gabrielle, mes amies, se morfondant le temps des vacances avec leurs « vieux » – ; les missives érotiques d'Ed ; des lettres d'« amis » dont je n'ai gardé aucun souvenir ; les courriers de Xavier, mon premier amour espagnol ; une poignée de lettres de ma mère, griffonnées de son inimitable écriture enfantine au stylo plume, s'indignant de mon manque de maturité, de ma paresse, d'avoir échoué à valider la dernière unité d'enseignement de ma licence, de mes entourloupes pour ne pas entrer dans le monde du travail. Des courriers implacables de mon père suivaient, fidèlement, pour appuyer un peu plus fort là où ça faisait déjà si mal. Il signait : *Tu es ainsi faite et c'est bien regrettable. Affectueusement.* Des mots à jamais gravés.

À cette époque-là, je me tenais face au précipice de la vie active. J'oscillais entre la peur de me lancer et le courage de montrer au monde, à mes parents surtout, de quoi j'étais « faite ». Et que, en rien, cela n'était « regrettable ». Mon année Erasmus touchait à sa fin et j'avais émis le souhait de rester à Londres pour devenir journaliste, convaincue que les Anglais seraient davantage prêts que les Français, plus convenus, à accorder leur confiance à une jeune femme inexpérimentée mais culottée. Après une année loin de mes parents, ils exigeaient que je retourne chez eux, en France, pour me concentrer sur l'obtention de cette dernière unité. Je ne suis pas rentrée, j'ai travaillé et décroché mon diplôme.

Sans doute n'avaient-ils pas tort sur toute la ligne, que leur dureté traduisait une inquiétude compréhensible face à une jeune adulte déterminée à emprunter un chemin de traverse. Mais leur attitude démontrait également leur incapacité à imaginer pour leur fille une vie qui ne ressemblerait pas trait pour trait à la leur. Résultat d'enfances branlantes, leur conservatisme était leur unique boussole. Il leur fallait bannir le doute. Seules les certitudes inflexibles étaient autorisées. Les parents avaient toujours raison et les enfants toujours tort.

Parmi toutes ces traces écrites qui jalonnent mon passé, il y a surtout les lettres de Betty, alias Z.Z. ou Zoozee, par dizaines. Depuis les États-Unis, où mon grand-père Peter et elle vivaient d'octobre à juin, inlassablement, elle m'écrivait.

Me revient l'enchantement de voir, au retour de l'école, posée sur le meuble vitré de l'entrée, l'enveloppe reconnaissable entre mille.

Sans plus attendre, je la saisissais et contemplais la myriade de petites attentions : des autocollants amusants d'animaux, le dessin d'un oiseau portant une lettre dans son bec et un cœur transpercé d'une flèche au dos de l'enveloppe. À gauche de l'adresse, elle annotait en biais « Air Mail », souligné deux ou trois fois, preuve de l'importance accordée à notre correspondance. Avant d'atterrir sur ce meuble en acajou, qui sentait bon le Pliz, la missive avait parcouru des milliers de kilomètres dans une soute d'avion, écrasée par ses semblables, transbahutée d'une benne à l'autre, patientant de longues heures dans un dépôt avant d'être récupérée par le centre de tri postal de notre petite ville. *In fine*, le facteur venait glisser le trésor dans la fente de notre boîte à lettres.

J'ouvrais délicatement l'enveloppe. Que contiendrait-elle ? Un cadeau ? Je révisais mes attentes, compte tenu de la taille du paquet. Un chèque ? Mais ce que j'en extrayais était bien plus riche encore : des lignes d'affection, d'encouragements, d'éloges, rédigees d'une écriture ronde et généreuse, au bic noir ou bleu au dos d'une carte.

J'entreprends de relire les lettres de Betty à la recherche d'un indice qui pourrait venir éclairer l'obscure énigme de mon choix pour cette maison et Saint-Sauveur. Plusieurs centaines de pages vieillissantes recouvrent ma couette. Assise en tailleur sur mon lit, je les cueille comme des fleurs. Une par une. Je touche leur texture. Je sens leur odeur. J'observe, d'un courrier à l'autre, les variations de sa calligraphie tour à tour posée, pressée, fatiguée, frêle, assurée, heureuse, mélancolique. Je distingue les lettres envoyées à la petite fille de celles destinées à l'adolescente ou à la jeune adulte. Sur les premières, l'écriture rebondie est tracée avec grand soin et rythmée par d'innombrables points d'exclamation.

Je choisis l'une des cartes postales représentant un chat. C'est étrange car l'attirance de Betty pour les félins s'arrêtait aux images. Lors de ses visites chez nous, elle ne montrait aucune sorte d'intérêt pour nos oreilles pointues. Je crois même qu'elle en avait un peu peur. Ma mère m'a raconté qu'à la fin des années 1950, quelques semaines avant que la famille quitte Nice pour s'installer à New York, Betty expliqua à ma mère, âgée de treize ou quatorze ans, qu'elle devait se séparer de Michka, son fidèle chat. L'adolescente refusa net. Il lui était inconcevable de l'abandonner. S'il n'y avait pas d'autre solution, alors elle resterait à Nice avec lui. Enfant unique, trimballée d'école en école, de pays en pays, ma mère n'avait pas d'amis. Son équilibre affectif reposait sur un socle bien fragile : ses parents et son chat. Un jour, en rentrant de l'école, ma mère découvrit que Michka avait disparu. Betty s'était débarrassée de lui. « Tu vois, Muriel, ta grand-mère n'était pas parfaite… »

La première carte que j'attrape représente une peinture contemporaine de trois chats fixant le peintre, un certain Shigeo Okumura.

Je lis :

Le 10 janvier 1980

[Retrouver cette écriture rend ma grand-mère étrangement vivante. Je découvre ses mots comme si j'avais de nouveau sept ans.]

Darling petite fleur bleue,

J'espère que tu aimes ces chats japonais. J'attends une lettre de toi avec beaucoup d'impatience. Je voudrais savoir ce que tu as fait pour Noël. As-tu fait le ski ? Raconte, Muriel ! Tu me diras aussi si tu as lu le livre de Colette et si tu as bien travaillé à l'école. Je parie que tu es encore première ou deuxième en classe comme l'année passée !! N'oublie pas de m'écrire.

Non seulement les toutes premières lignes de la première carte évoquent Colette mais, de surcroît, elle me demande si j'ai lu, à tout juste sept ans, un roman de l'écrivaine ! Colette n'a pas écrit de livres pour enfants. Se pourrait-il qu'elle fasse référence à l'un des *Claudine* ? Qu'il est singulier d'envoyer un livre de Colette à sa toute petite-fille.

Que pouvais-je comprendre de Colette à cet âge-là ? Rien, absolument rien. Aussi, il est fort probable que ce cadeau trop précoce m'ait même éloignée de l'écrivaine pour les décennies à venir. Cette découverte aiguise ma curiosité. Je suis à présent convaincue que dans ce tas de lettres et de cartes Betty a déposé des petites pierres blanches qui me guideront dans ma recherche.

J'attrape une autre enveloppe. Sur le cachet du timbre-poste, on lit « 21 janvier 1982 ». J'ai neuf ans.

Darling petite fleur bleue,

Je te remercie beaucoup pour ta très jolie carte. Tu nous as fait un grand plaisir, tu sais. Je te félicite encore une fois. Tu t'exprimes si bien et ton écriture est fort jolie.

Je me roule dans la douceur de ses mots comme dans de la ouate. J'extrais d'une autre enveloppe une carte sur laquelle figure un chat siamois étonnamment dodu, le cou encerclé d'un élégant foulard rouge et bleu. Il se cache derrière une fine cloison pour observer une araignée. L'auteur, un dénommé Toko, est un artiste japonais du dix-neuvième siècle.

Le 28 mars 1985,

Darling petite fleur bleue !

Je te remercie beaucoup pour ta charmante lettre et ton joli « œuvre ». Est-ce qu'on aura une autre Colette ?

Je détiens la preuve que mon choix de Saint-Sauveur ne relève en rien du hasard. Enfant, j'ai lu et relu ces mots qui sont restés nichés quelque part. Betty voulait que j'écrive, comme son héroïne. Jamais je n'avais pris conscience jusqu'ici que mon désir d'écriture était d'abord le sien. Qu'elle en était l'origine. Qu'en portant mon choix, de façon si définitive, sur une petite maison du village de Saint-Sauveur, j'ai, sans le savoir, décidé de me placer au cœur d'un territoire que Betty avait imaginé pour moi.

CONTEMPLER LA PHOTO DE BETTY debout sur le perron de la maison de Colette, à deux pas de ma nouvelle adresse, me renverse. Son beau visage inquiet toise le haut de la rue, vers le château qui abrite le musée Colette, dans la direction opposée à notre rue du Grand-Jeu.

Elle est vêtue d'un pantalon en coton imprimé de petites fleurs, d'un haut bleu ciel et d'un gilet. Une ceinture autour des hanches. Une main accrochée à la balustrade en fer forgé, comme sur le pont d'un bateau qui tangue. L'autre main tient des lunettes de soleil. Un foulard enveloppe son long cou. La teinte orange clair de son rouge à lèvres est assortie à sa chevelure. Son carré court ressemble à celui de Colette. Deux boucles d'oreilles dorées à clips dépassent de sa chevelure, juste comme il faut.

Betty n'avait ni les oreilles percées ni son permis de conduire, deux rites qui marquent pourtant le passage de la jeune fille à l'adulte. Je ne puis dire précisément à quand remonte ce cliché, dont l'auteur est sans aucun doute mon grand-père Peter, photographe amateur. Je prends néanmoins le risque de le situer vers le milieu des années 1990. La maison de Colette n'a ouvert ses portes au public que deux décennies plus tard, en 2016. Betty, décédée en 2012, aurait tant donné pour pouvoir pénétrer la maison-livre décrite par Colette.

Que faisait-elle debout, sur le perron de la maison où est née et a grandi Colette ?

« La façade principale, rue de l'Hospice, était une façade à perron double, noircie, à grandes fenêtres et sans grâce, une maison bourgeoise de vieux village, mais la roide pente de la rue bousculait un peu sa gravité, et son perron boitait, quatre marches d'un côté, six de l'autre[4] », décrit Colette.

Betty ne pose pas comme une touriste ordinaire le ferait tout sourire pour prouver à sa famille ou à ses amis qu'elle a bien visité tel ou tel lieu connu. Ici, elle donne le sentiment d'être chez elle, de chercher quelqu'un du regard.

Ce perron que Colette associe à sa mère Sido : « Je la retrouvais aux limites de son empire, debout sur notre perron, tournée vers la petite rue des Sœurs, quand j'étais en retard. Si je ne musais pas en route, si je ne faisais pas un détour pour accompagner Camille Comeau ou Jeanne David, aucune vigie derrière la rampe – forgée aux initiales du premier mari de ma mère – ne guettait mon retour, et je rejoignais “Sido” au jardin[5]. »

Personne n'a jamais attendu la petite Betty sur le perron d'une maison. La grande tragédie de son existence fut d'avoir grandi dans un pensionnat lugubre, loin de son père et de sa mère, trop occupés à travailler l'été et à mener une vie de loisirs et de voyages l'hiver. Quand j'étais petite, elle me racontait encore et encore le *porridge*, une bouillie de flocons d'avoine servie froide le matin et qui lui donnait envie de vomir, l'uniforme inadapté aux longs hivers rugueux de l'île de Man, sa solitude. Elle n'avait pas les mots pour décrire son enfance piétinée. Je posais ma tête contre son épaule osseuse pour la réconforter. L'idée d'être séparée de mes parents, de ma mère en particulier, m'horrifiait.

L'enfance de Betty ne pouvait être plus différente de celle de Colette. La première vécut emprisonnée dans une misère affective épouvantable tandis que la seconde, à Saint-Sauveur, fut entourée, aimée et valorisée par ses parents. Contrairement à ce qui se faisait à l'époque dans les familles bourgeoises, elle était restée au village pour étudier. L'autrice raconte n'avoir jamais eu de camarades de son « espèce car les rares familles bourgeoises de Saint-Sauveur envoient, par genre, leurs enfants en pension au chef-lieu, de sorte que l'école ne compte guère pour élèves que des filles d'épiciers, de cultivateurs, de gendarmes et d'ouvriers surtout, tout ça assez mal lavé[6] ». Cette enfance lui avait apporté l'assurance de sa supériorité aux autres. Adulte, le monde lui appartiendrait.

Je suppute que c'est cette liberté ébouriffante que Betty admirait chez Colette. Elle avait su, chose rarissime, préserver à l'âge adulte ce vestige de l'enfance et balayer d'un revers de main les injonctions sociétales.

Fillette, fixant l'horizon à travers les vitres embuées de sa pension, Betty se promettait qu'elle parcourrait le monde, n'obéirait plus jamais aux ordres d'adultes tyranniques et porterait des vêtements aussi colorés et pétillants que son uniforme d'écolière était gris et terne. Dès qu'elle le put, elle tenta d'emprunter le chemin de la liberté, mais peut-être était-elle déjà trop écorchée. Elle pouvait s'accrocher, essayer encore et encore, elle échouerait.

Jeune fille, Betty rêvait d'Europe, de France, et surtout d'hommes, pourvu qu'ils soient beaux, élégants et nombreux. Betty cherchait l'amour dont elle avait si cruellement manqué enfant. La séductrice compulsive avait en elle une béance affective impossible à combler. Un puits sans fond. Percevoir dans le regard des hommes l'admiration, l'amour, était plus addictif que l'alcool, la drogue ou les cigarettes. D'ailleurs, Betty buvait peu, ne fumait pas et ne mangeait rien.

Après son décès, ma mère et moi triions ses affaires dans sa dernière demeure à La Charité-sur-Loire, ville renommée pour ses nombreux bouquinistes et librairies qui faisaient la joie de ma grand-mère. Dix ans plus tôt, le vieux couple anglais avait découvert la région à la faveur d'un accident de voiture. Arrimés dans le coin quelques jours, la voiture au garage, Betty et Peter avaient été touchés par la gentillesse des habitants qui s'étaient pliés en quatre pour les aider. Cet épisode leur avait suffi pour les convaincre de vendre la maison du Broc, dont les étages étaient devenus trop pénibles, et faire l'acquisition d'une ancienne poste, solide bâtisse grise longeant la route nationale sept qui, à son apogée, reliait Paris jusqu'à Menton en passant par l'ouest de la Bourgogne.

Dans une vieille valise, nous dénichons de magnifiques vêtements années 1960 si étroits que même mon fluet garçonnet de dix ans ne rentre pas dedans. L'insatiable Betty était tombée, à la quarantaine, dans l'anorexie. À cette époque, elle avait quitté Peter pour vivre avec Malcolm, un journaliste sportif épris de littérature auprès de qui elle avait suivi des cours quand ma mère était partie étudier à l'université d'Édimbourg. Puis l'intrépide rouquine s'était amourachée d'un toréador anglais, et, en l'apprenant, Malcolm l'avait battue. *Ça ressemble à quoi, un toréador anglais ?*

Betty s'était alors mise à lire, avec boulimie. Un livre

par jour. Pas un de plus, pas un de moins. Peut-être que la littérature réussirait mieux que les hommes à colmater sa fissure, qu'elle trouverait dans les livres des réponses, des trajectoires, d'autres vies à contempler. Quelques années plus tard, elle avait fini par retourner vivre avec Peter, penaude, faisant au passage une croix sur sa vie amoureuse. Mon grand-père pouvait dormir tranquille. Les amants seraient remplacés par des mots, des idées, des histoires, des personnages imaginaires.

Longtemps, je scrute la photographie, tentant de pénétrer le regard d'une grand-mère secrète, de déchiffrer les raisons de sa présence devant cette demeure littéraire. Je décide de m'immiscer hors du cadre, d'explorer les alentours, d'imaginer ce qui a bien pu arriver après que mon grand-père a appuyé sur le déclencheur de l'appareil. Je laisse mon esprit vagabonder.

Peu à peu, le corps de Betty prend vie. Tout doucement, elle remue ses doigts, balance sa tête d'un côté, puis de l'autre, fait des grimaces pour étirer les muscles de son visage, allonge ses bras vers le ciel, se dresse sur la pointe des pieds pour éveiller son corps figé sur ce morceau de papier depuis tant d'années. Au loin, je reconnais la voix chantante de Peter conjurant sa femme de cesser de bouger. Betty reprend la pose tout en levant les yeux au ciel. Peter a passé une bonne partie de sa vie à la photographier. Il a cru que s'il persistait, un jour ou l'autre, l'une de ces images percerait l'énigme entêtante de sa femme. Mais qu'importe le lieu ou la pose, Betty lui offrait presque toujours le même regard opaque, fixant un point au-delà de lui. « Ta grand-mère est un mystère pour moi », me disait-il l'air démuni.

Soudain, un grincement aigu se fait entendre. Betty tourne son long cou et remarque qu'un battant de volet derrière elle est entrouvert. Pourtant, pas une brise ne virevolte dans l'air. Elle avait cru la bâtisse inhabitée et en avait d'ailleurs ressenti de la déception. La France avait-elle donc déjà oublié Colette ? Elle murmure nerveusement à Peter : « *Let's go, I think someone lives here* », dévalant les six marches du perron boiteux. Une belle voix éraillée interrompt sa fuite :

— Qui êtes-vous ? Que faites-vous ici ?

Betty lève la tête vers la fenêtre et dit de son plus bel accent anglais :

— Toutes mes excuses, madame, nous partons immédiatement.

Tandis qu'ils hésitent sur la direction à prendre pour trouver un café, le son d'une clef qui tourne dans un verrou et celui d'une lourde porte qui s'ouvre figent leurs mouvements. Une femme entre deux âges apparaît. Elle est vêtue d'une tunique sombre et chaussée de pantoufles orientales incrustées de broderies, ornées d'un pompon rouge. Elle cligne nerveusement des yeux tout en arborant un demi-sourire assuré. Elle dit :

— Vous êtes anglais, n'est-ce pas ? Je suis en train de préparer du thé. Puis-je vous en proposer ?

Un chat noir et blanc, ébloui par la lumière, en profite pour se faufiler hors de la maison. Il bondit dans le jardin d'en-face, ce petit bout de terrain que les parents de Colette avaient acquis pour empêcher une future construction et un vis-à-vis. Les yeux de Betty s'allument comme un feu.

Si Betty avait su qu'elle entrerait un jour dans la maison natale de Colette, là où Sido lui apprit à observer, avec une attention hors du commun, la vie secrète des animaux, des plantes, l'odeur des saisons, elle se serait préparée. Surtout, elle se serait habillée autrement. Elle aurait troqué sa tenue *casual* pour l'une de ses longues jupes flottantes, assortie d'un haut scintillant à rayures colorées. Elle aurait accroché sa broche en argent parée d'un visage gracieux près de l'encolure, enfilé sa bague Art déco en forme de losange, et, sans aucun doute, rehaussé son maquillage. L'élégance, la beauté ou l'originalité, un masque pour camoufler un manque de confiance tenace. Pour se sentir moins vulnérable et espérer exprimer sa personnalité sans avoir besoin de parler.

Au Broc, si elle recevait, Betty prenait le temps de se maquiller. J'aimais la regarder. J'observais chacun de ses gestes avec la plus grande attention. Ma présence enfantine ne semblait pas la perturber. Parfois, elle prenait une grande inspiration, plantait ses yeux dans les miens, puis s'esclaffait, pleine d'autodérision : « Oh, Muriel, ta grand-mère ! Quelle horreur ! »

Le rituel était toujours le même. Assise sur le lit, elle sortait de sa vieille trousse tous les accessoires et produits nécessaires à sa transformation et les posait à côté d'elle. Il y en avait tant que je ne comprenais pas par quel miracle elle savait quel tube servait à quoi. Elle commençait son ouvrage par la peau de son visage angulaire, cherchant à camoufler un teint de porcelaine parsemé de taches de rousseur.

Pour fixer le tout, elle attrapait un poudrier doré d'où s'échappait un petit nuage brumeux lorsqu'elle l'ouvrait. Je me saoulais de cette odeur douce et cotonneuse. Elle tamponnait son front, son nez, ses joues, son menton, et durant le temps de la besogne, se pinçait les lèvres pour les mettre à l'abri des flocons de riz. Une autre touche consistait à appliquer du blush sur ses pommettes. Tenant fermement son petit miroir orange vif face à son visage, son attention glissait vers ses yeux. Tout le monde les admirait sauf elle. Elle fardait ses paupières de couleurs vives, par couches successives, puis soulignait son regard à l'aide d'un crayon gras, dont la texture dégoulinait au fur et à mesure que la journée avançait. Avec agilité, elle allongeait ses cils en prenant soin de les ourler.

Elle terminait par la bouche, dont elle dessinait, sans vaciller, les contours au crayon pour laisser croire que ses lèvres étaient plus épaisses. À l'intérieur de la zone délimitée, elle appliquait la matière grasse de deux rouges à lèvres aux teintes différentes. Une fois son embellissement achevé, auquel elle consacrait environ une heure chaque jour, elle saisissait *Paris* d'Yves Saint-Laurent et le vaporisait deux fois à la base de sa nuque puis une fois à l'intérieur d'un poignet qu'elle frictionnait énergiquement contre l'autre.

Les synonymes du mot maquillage sont : falsification, camouflage, mutilation, trucage, altération. Je m'interroge aujourd'hui sur ce besoin de se cacher, de se transformer. Pourquoi cette femme, si belle, ne pouvait-elle affronter le regard des autres à nu ?

Alors que j'écris ces mots, je médite sur leur pertinence. Et si j'avais tort ? Et si ma posture moralisatrice était tout bonnement un reflet un peu simpliste de mon époque ? Que sais-je de la réalité de la condition féminine de son temps ?

Et si se maquiller – à une époque où les femmes d'âge mûr étaient encore plus invisibilisées qu'aujourd'hui – était un acte de résistance ? Une façon pour elles de montrer qu'elles existaient encore, qu'elles ne lâcheraient rien de leur féminité, une façon de dire au monde qu'elles restaient désirables, qu'elles avaient encore le droit de se sentir belles. Betty était tout sauf « vieille ». Il suffisait, pour m'en persuader, d'observer les grand-mères de mes amis qui, depuis longtemps, avaient accepté qu'une femme disparaisse aux yeux du monde après la cinquantaine. Betty ne se résignait pas.

Colette aurait approuvé son sens de l'imposture. Elle-même ne se présentait jamais aux autres sans maquillage. Elle décelait dans le geste un acte de bravoure. Dans un texte, sobrement intitulé « Maquillages », publié en 1933, elle écrit : « Héroïquement dissimulée sous son fard mandarine, l'œil agrandi, une petite bouche rouge peinte sur sa bouche pâle, la femme récupère, grâce à son mensonge quotidien, une quotidienne dose d'endurance, et la fierté de n'avouer jamais… Ô lutteuses ! c'est de lutter que vous restez jeunes[7]. »

À presque soixante ans et à court d'argent, l'artiste avait ouvert un institut de beauté à Paris. Depuis ses années music-hall, la passion pour le maquillage ne l'avait pas quittée. Elle ne se lassait pas de redonner aux femmes l'envie de séduire.

Séduire jusqu'à la fin. C'est aussi ce que Sarah Bernhardt s'évertua à faire, si l'on en croit Colette, qui l'a rencontrée quelques semaines avant sa mort. Dans un recueil de textes, elle décrit « sa main délicate et fanée offrant la tasse pleine, azur floral des yeux, si jeunes dans un lacis de rides ; coquetterie interrogative et riante de la tête inclinée, et ce souci irréductible de plaire, de plaire encore, jusqu'aux portes de la mort[8] ».

Sarah Bernhardt, Joséphine Baker, Simone de Beauvoir, Colette et ma Betty : un panthéon de femmes complexes, à fière allure. Chacune à sa façon a démoli un morceau de mur de l'édifice masculin pour créer des espaces de liberté et d'espoir.

Dans la demeure où grandit Colette, je vois Betty assise bien droite sur le rebord d'un fauteuil bergère tendu d'un velours côtelé vert.

Le salon est dépourvu de lumière. Face à elle, Peter s'est enfoncé dans un fauteuil 1930 doté d'accoudoirs en acajou. Un seul des quatre battants des volets gris souris, arrimés aux deux grandes fenêtres de la pièce, est entrouvert. Le pied droit de Betty articule de lents ronds, tel un compas, dans un sens, puis dans l'autre. Elle n'en revient pas d'être dans la maison de son idole. Colette a respiré cet air, gambadé ici, s'est réchauffée auprès du feu de cheminée crépitant lors de longues soirées hivernales, songe-t-elle.

Le chant d'un merle vient rompre le silence recueilli dans le temple littéraire. L'atmosphère fanée rappelle à Betty la demeure de ses beaux-parents, bourgeois bohèmes de Richmond, ville chic longeant la Tamise. Entretenir la maison n'était pas digne des velléités artistiques de cette famille. Elle avait mieux à faire, comme ouvrir son charmant salon à des poètes, des artistes et des âmes cassées prometteuses tel le peintre Lucian Freud.

La belle-mère de Betty, Muriel, dessinatrice pour *Vogue*, et sa fille Bettina, artiste peintre ayant étudié à Paris sous l'égide de Fernand Léger, s'érigeaient en reines de cet univers mondain, conspuant tout ce qui était ordinaire. Provinciale tout juste débarquée à Londres, Betty vécut difficilement la condescendance de sa belle-famille à son égard, qui lui faisait revivre l'enfer du rejet parental. Rien n'allait. Ni sa façon de s'habiller, ni son accent du Nord, ni sa coiffure démodée, ni sa divine beauté qui subjuguait hommes et femmes. Épouser Peter ne lui avait pas suffi pour échapper à ses démons.

Tandis que des bruits de vaisselle émergent de la cuisine, Betty en profite pour se lever à la recherche de quelque indice sur l'identité de la femme qui les accueille. Elle longe la pièce dans le sens des aiguilles d'une montre, tentant de distinguer à travers la pénombre les objets divers posés un peu partout dans un désordre saupoudré de poussière.

Un autre chat, rayé de roux et de blanc, vient se frotter contre ses jambes. Betty, qui ne l'a pas vu arriver, sursaute, faisant couiner le parquet. Elle s'approche d'un secrétaire en merisier massif, sur lequel des photos dans des cadres en argent sont disposées en arc de cercle. Ses yeux sautillent d'une image à l'autre, empressés de découvrir le visage de Colette, de Sido, du père de l'écrivaine, le capitaine Colette. Mais rien.

Plus d'un siècle s'est écoulé depuis que Colette et sa famille, ruinés, durent quitter la maison du bonheur, en 1891. Colette avait dix-huit ans. Le restant de sa vie, elle s'évertua à reconstituer sa perception des odeurs, des couleurs, des textures, de la magie bucolique de cette enfance libre dans un pays natal qu'elle vénérait autant qu'elle le méprisait. Si cette terre lui avait donné la vie, l'avait choyée et élevée, elle l'avait ensuite refoulée et abandonnée. La descente aux enfers des Colette avait été accompagnée des ricanements cruels de certains habitants, trop heureux de voir cette famille bourgeoise tomber aussi bas qu'eux. L'injustice de la situation avait provoqué chez la jeune femme un sentiment de rage qui se mua en désir de revanche, formidable moteur de sa vie future. Puisque plus rien n'avait d'importance, elle ferait ce qu'elle voudrait.

Un bruit de porte qui claque arrache Betty à sa rêverie. Elle retourne vite s'asseoir face à Peter qui, entretemps, a enfoncé un doigt le long de sa gencive pour apaiser une gêne au fond de sa bouche. Depuis la pose d'un bridge, le vieil homme souffre d'irritations. Betty chuchote sur un ton désapprobateur : « Peter ! »

La femme revient de la cuisine chargée d'un plateau. Elle en extrait une grosse théière, des tasses dépareillées et un plat garni de petites madeleines disposées à la manière de rayons autour d'un soleil. L'obscurité se fait plus pesante à mesure que le jour touche à sa fin. Tel un fantôme flottant dans l'espace, leur hôtesse allume les lampes clairsemées aux quatre coins de la pièce. Comme au théâtre, les projecteurs inondent la scène d'une chaude lumière. Agenouillée entre ses deux convives, elle verse du thé à la bergamote. Elle s'exclame, tout sourire :

— Je suis vraiment ravie de vous accueillir chez moi. J'adore l'Angleterre et les Anglais. Ce sont des gens épatants ! Ma tante Colette a été élevée par une Nanny anglaise, Miss Draper, une femme exigeante mais juste.

Betty, pantoise, bégaie :

— Colette était votre tante ?

— Oh, excusez-moi ! J'aurais dû me présenter. Je suis tellement dans la lune ces derniers temps. C'est navrant. Ma tante est la fille de l'écrivaine, « la petite Colette ».

Un ange passe. Betty plonge dans ses souvenirs pour dégager les grandes lignes de la vie de Colette. Il y a eu ce premier mari, Willy, le terrible mondain dont elle a divorcé à la trentaine ; son histoire d'amour avec Missy, une richissime dandy, avec qui elle s'est produite sur scène. En secondes noces, elle a épousé Henry de Jouvenel, un célèbre homme de presse et politicien. Et c'est à la quarantaine que l'autrice a donné naissance à sa fille unique, « la petite Colette ». Lui revient la scandaleuse relation entre l'écrivaine et son beau-fils, seulement dix-sept ans. Cette liaison inspira à la femme mûre *Le Blé en herbe*. Betty, transportée par cette histoire, avait consciencieusement recopié dans l'un de ses carnets de lecture : « L'heure de la fin des découvertes ne sonne jamais. Le monde m'est nouveau à mon réveil chaque matin et je ne cesserai d'éclore que pour cesser de vivre[9]. »

— C'est très enquiquinant, vous savez, car tout le monde dans cette satanée famille s'appelle Colette. Sidonie Gabrielle Colette, ma grand-tante illustre, est devenue Colette. Alors, soit. Mais qu'est-ce qui lui a pris, alors que les choses étaient déjà assez compliquées, d'avoir l'abominable idée de prénommer sa propre fille Colette ?

Betty et Peter ne savent que répondre.

— Ma pauvre tante, pauvre petite Colette… Comment s'épanouir dans l'ombre d'une mère aussi célèbre quand on ne peut pas s'en différencier ? Un tel égocentrisme, franchement ! Le génie n'autorise pas tout !

Tandis que Betty avale les paroles de la petite-nièce de Colette, un prénom surgit des tréfonds de sa mémoire. Margaret. Elle n'aimait pas ce prénom vieillot. Trop de consonnes écrasent la douce lumière des voyelles, conférant à Margaret quelque chose de germanique qui ne fait pas rêver. Un prénom classé parmi les dix plus portés entre 1880 et 1940. Très jeune, Betty a voulu s'en défaire. Margaret, ce n'était pas elle. C'était le prénom de sa mère. Dès qu'elle put, elle le troqua pour Elizabeth, qui, sans tarder, devint Betty.

Sur un site consacré aux prénoms, les Betty sont décrites ainsi : « Sentimentales, douces, affectueuses, ce sont des séductrices innocentes. Travailleuses, elles vont toujours au bout de ce qu'elles entreprennent. Accueillantes, d'esprit très ouvert, ce sont des optimistes qui voient le bon côté des choses. Elles sont attentives aux autres. Ce sont d'excellentes confidentes, mais elles sont pudiques et n'extériorisent pas leurs sentiments. »

(Comment ont-ils su ?)

Par association d'idées lui revient son désarroi lorsque sa fille et son gendre ont pris la décision de prénommer leur fille Muriel, en hommage à la mère de Peter. Betty n'avait rien dit – elle ne jugeait jamais – mais elle avait été meurtrie. À sa naissance, Betty avait été soulagée de constater qu'elle aimait l'enfant malgré tout.

Affubler sa progéniture d'un prénom déjà porté par un ascendant est une très mauvaise idée. Trop d'affect, trop de projections dans tous les sens. Mieux vaut naître avec un prénom n'appartenant qu'à soi. Mais Betty ne peut s'empêcher de chercher à comprendre les motivations de son écrivaine fétiche.

— Ce n'est qu'une supposition, mais les femmes, à l'époque, n'avaient pas le droit de transmettre à leurs enfants leur nom de famille. Et il me semble que son frère Léopold, corrigez-moi si j'ai tort, n'a pas eu d'enfants qui auraient pu transmettre le nom Colette. Et si elle avait voulu transmettre son patronyme à sa fille sous la forme d'un prénom ? En hommage à son père, peut-être, mais surtout pour continuer de faire vivre son nom et son œuvre ?

C'est avec une efficacité redoutable que la grande et la petite histoire effacent les femmes. Malgré sa notoriété, Colette avait sans doute peur, après sa mort, d'être envoyée comme toutes les autres aux oubliettes. L'écrivaine avait déjà été oblitérée une première fois par un homme. Et pas des moindres : Willy, son premier mari. Il avait signé les premiers *Claudine* et vendu les droits à ses éditeurs sans même songer à prévenir l'autrice.

Quant à Betty, elle le sait, nulle trace de sa personne ne subsisterait après sa disparition. Cette idée de l'anéantissement total d'une vie la bouleverse. La mort n'est pas si grave du moment que quelque chose perdure. Mais qu'a-t-elle fait de son existence ? Rien, elle en est certaine. Elle n'a ni écrit, ni peint, ni gravi les échelons d'une hiérarchie. Soudain, une lueur d'espoir illumine sa pensée. Un visage en pointillé apparaît. Celui de sa petite fleur bleue. Est-il concevable qu'un jour, elle ait l'audace d'écrire ? Est-il plausible qu'au détour d'une phrase, elle évoque la mémoire de sa *pauvre* grand-mère ?

Leur hôtesse est prise de court. Elle n'a jamais envisagé cette théorie de la transmission.

— Ah, c'est fort intéressant !

Mais après une courte réflexion, elle considère que cette hypothèse ne tient pas la route.

— Si elle avait voulu lui transmettre quelque chose, alors peut-être aurait-elle dû mieux s'occuper d'elle ! Comment a-t-elle pu la laisser en pension toutes ces années, sans presque jamais aller la voir ?

Au mot « pension », les mains de Betty deviennent moites. Est-il possible que, pour envoyer sa propre fille en pension, Colette ait eu une enfance moins idyllique qu'elle ne le décrit dans son œuvre ? A-t-elle inventé le récit paradisiaque de sa jeunesse ? Sido vénérait sa fille, certes, mais ne fut-elle pas aussi une mère possessive, envahissante, sûre d'avoir toujours raison, despotique, souhaitant garder sa fille auprès d'elle ? Cela expliquerait, songe Betty, l'absence criante du personnage de la mère dans la série des *Claudine*, les lettres désespérées de Sido suppliant sa fille de venir la voir à la fin de sa vie ou encore le refus de Colette d'assister à ses funérailles.

SUR LE SIÈGE PASSAGER d'une Peugeot 205 blanche fonçant dans la nuit noire de la Bourgogne, Betty se sent à la fois éblouie par cet épisode inespéré, qu'il lui faudra relater à qui voudra bien l'entendre, et attristée par la découverte d'une facette décevante de Colette.

Betty se revoit tenant la main de sa fille. Elle au moins n'a pas confié son enfant à un pensionnat. Mais à y regarder de plus près, pas sûr que sa fille ait pour autant eu une enfance heureuse. Ses jeunes années furent marquées par une instabilité extrême : trimballée de gauche à droite dans une multitude de pays, d'écoles, de garderies, laissée chez des inconnus durant les interminables voyages hivernaux de ses parents qui ne pensaient qu'à rattraper le temps perdu de leur jeunesse balafrée par la guerre, à vivre des amours aussi intenses et variés que ceux de Colette et à s'amuser jusqu'à l'épuisement total.

Betty est bien obligée d'admettre que son enfant a souffert de cette existence nomade, de ces abandons à répétition, de cette vie brumeuse, source d'excitation pour les parents, mais d'angoisse pour la petite fille, qui n'aurait de cesse en grandissant de chercher une terre ferme sur laquelle échouer. Celle-ci prit la forme d'un homme (mon père), lui-même naufragé d'une enfance chavirée. Il l'aimerait plus que tout, la protégerait et ne l'abandonnerait pas.

Dans le silence de la nuit, bercée par le ronronnement du moteur qui éloigne Betty de mon village, ma grand-mère songe que les femmes comme elle, comme Colette, n'auraient pas dû avoir d'enfant. À vingt-trois ans, devenir mère n'était pas sa priorité. Betty voulait vivre le plus intensément possible. Rencontrer de beaux hommes, beaucoup d'hommes. Les aimer et être aimée en retour. Trouver refuge au creux de leurs épaules. Sentir son corps se tendre dans des étreintes boulimiques. Impossible, après l'enfance solitaire et les murs hostiles d'une pension froide, de rester dans l'ombre, parquée dans une vie rangée. Il lui fallait être vue, exister, découvrir.

PREMIER RETOUR À SAINT-SAUVEUR, deux mois après le coup de foudre. Nous sommes à la fois surexcités et angoissés. Nous espérons que le village, une fois la magie de l'été passée, n'a pas perdu son charme. Les nuits sont déjà fraîches mais le beau temps nous laisse croire que l'été durera toujours. Nous n'avons pas encore signé la promesse de vente.

Nous retrouvons mes parents dans un restaurant à deux pas de notre future maison. Leur présence me rend nerveuse, comme toujours. Gommera-t-elle mon enthousiasme enfantin ? Au fond d'une salle trop éclairée, mon père a le regard vide et l'haleine anxieuse. Pourvu d'un excellent sens de l'orientation, il s'est perdu en chemin. Ma mère, elle, sourit avec éclat, heureuse de l'attention qu'elle reçoit. Un vieil homme imposant s'approche de notre table et, malgré son apparence fragile, engage la conversation avec entrain. Je découvre qu'il est surnommé « le shérif », une véritable mémoire vivante de Saint-Sauveur, rescapé d'une crise cardiaque. Avec sa compagne, ils ont défié l'âge et la maladie en ouvrant ce restaurant. Si seulement mes parents pouvaient avaler quelques gouttes de cette intarissable fontaine de jouvence.

Quand Ed et moi rentrons dans notre chambre d'hôtes, nous nous affalons sur le lit moelleux et parlons jusqu'au cœur de la nuit étoilée de Saint-Sauveur. De mon père, de ma mère, de nos rapports singuliers, de mes attentes impossibles. De la maison aussi. Je l'aime déjà tant. L'idée de tout laisser tomber est inenvisageable. Elle a déjà agrandi ma vie, dégagé de nouveaux horizons, me permettant de me projeter autrement, de repartir à la conquête de désirs ensevelis.

Le lendemain matin, nous retrouvons mes parents devant la maison. Mon père monte directement au grenier équipé d'un tournevis pour tester la compacité de chaque poutre. Ma mère déambule, mutique. Elle ne pose aucune question, ne regarde pas autour d'elle, ne commente pas, hormis pour contredire le maçon venu évaluer l'état de la maison : « Non, monsieur, cette maison n'est pas saine. Elle est terriblement humide. »

(Maman, toi si belle, si rayonnante, si fragile aussi, tu oscilles, comme le balancier d'une pendule, entre ton manque de confiance criant et tes certitudes acérées.)

Après inspection de la charpente, mon père conclut, laconique : « C'est bon, elle est solide. » Il n'a rien d'autre à dire. Bêtement, comme toujours, je souhaite leur aval, sachant pourtant que c'est impossible. Je maudis mon entêtement. Cette boucle infernale qui m'étrangle. Leurs critiques ne sont pas encore venues à bout de mon espoir buté que, un jour, ils accueilleront nos heureuses nouvelles avec de larges sourires. C'est curieux, j'ai le sentiment diffus que cet enthousiasme a un jour existé, de l'avoir connu, et, aussi absurde que cela puisse paraître, je cherche à le ressusciter.

Le cœur gros, Ed et moi disons au revoir à la maison, fermons les volets et la porte d'entrée, puis rendons les clefs à l'agente immobilière. Nous remontons la rue Colette. J'espère que mes parents voient ce que je vois : la verdure ruisselant des fenêtres et murets, les maisons en escalier, les chats – rois dans le territoire de Colette – posant fièrement sur notre passage, conscients de leur importance. Ce village devient prodigieux si on laisse ses yeux s'attarder.

Nous nous attablons à la terrasse du café de la Puisaye, sur la place du Marché. Il fait doux. Les rayons du soleil en cette fin de matinée automnale réchauffent notre peau sans la brûler. La présence de mes parents détonne. Ils ne sont pas à leur place. Quelque chose les gêne. Tandis qu'Ed et moi-même nous réjouissons devant chaque petite splendeur, ils semblent rétifs et fermés. Rien ne paraît les émouvoir ni les intéresser. Face à une telle aphasie, je ne peux m'empêcher d'en faire des tonnes. Mais plus je m'émerveille, plus ils se raidissent. En désespoir de cause, je finis par lâcher :

— Alors ? Vous avez pensé quoi de la maison ?

Mon père répète tel un robot que la charpente est de bonne facture et qu'il n'anticipe pas de problème. Ma mère, les yeux rivés au sol, bredouille :

— Elle est quand même en très mauvais état.

Ne voit-elle pas le petit jardin de curé, le vieil hortensia, les tomettes anciennes, les proportions, la double exposition, les poutres apparentes, l'agencement des pièces ?

À la table voisine, un groupe sirote des ballons de blanc. Ils se lancent des goguenardises tout en se tapant dans le dos. Un homme en fauteuil roulant électrique hèle un bonjour à la tenancière qui lui répond en agitant la main.

J'accroche mon regard à celui d'Ed. Nos yeux bavassent en silence : *Nous sommes bien ici, n'est-ce pas ?* Mais une ombre imposante vient assombrir le moment :

— Que c'est pauvre ici ! fait remarquer ma mère.

Il lui aura fallu moins de vingt-quatre heures à Saint-Sauveur pour rendre son verdict. Mon cœur remonte aussi sec dans ma gorge. Je dis rageusement :

— Pardon ? C'est tout ce que tu trouves à dire sur Saint-Sauveur ?

Elle toise la terrasse du café, son sac délicatement posé sur ses genoux tel un petit chien, et dit d'un air écœuré :

— Ça me rappelle tellement Béhencourt, cet endroit...

Béhencourt, village picard près d'Amiens, est le lieu de mes tout premiers souvenirs. Dans ce Nord écrasé par la grisaille et la pauvreté, il n'y avait pas grand-chose, hormis une mairie, une église au toit d'ardoises, une poignée de maisons et de fermes bordant de trop larges rues poussiéreuses, comme dans les westerns. Depuis la Mini vert kaki de ma mère, je contemplais les champs de pommes de terre et de betteraves s'étendant à perte de vue.

J'y ai vécu heureuse jusqu'à mes cinq ans. Images, odeurs, sensations ressurgissent. Une grande maison aux briques rouges. Des plafonds hauts, des papiers peints d'une autre époque, une immense cheminée, un jardin où nos deux tourterelles, Roméo et Juliette, sont un jour retrouvées mortes dans leur grande cage, engendrant larmes et incompréhension. L'énigme n'a jamais été résolue.

Des souvenirs en vrac. Un escalier branlant qui monte vers un grenier. Un sentiment éclatant de supériorité parce que, lors d'une promenade dans les bois, je marche tandis que mon grand frère est affalé dans notre poussette à deux places. Moi, fiévreuse, m'échappant de la maison malgré l'ordre maternel de rester alitée pour monter dans le bus qui se rend à l'école de Saint-Sauveur. Déjà, ces trois syllabes – Saint-Sauveur – imprègnent l'imaginaire de mon quotidien. Ma mère qui, un jour, débarque dans la cour de récréation pour m'apporter ma culotte que j'avais oublié d'enfiler en m'habillant le matin. Un garçon, Jean de La Villéon, dont le nom m'obsède. Un dessin de ma famille avec Papa et Maman au centre, moi à côté de Maman, et mon frère Julien, sans bras, à côté de Papa. L'*œuvre* gagne un prix à l'école. Dans mon monde, coupé des adultes et de leurs problèmes, un lion coloré vient me rendre visite dans ma toute petite chambre. Le soir, apeurée et excitée, depuis mon lit à barreaux duquel mes pieds dépassent, je guette son arrivée.

Difficile de démêler mes vrais souvenirs, si cela existe, des souvenirs induits par les photos et films de famille, qui montrent toujours la vie sous son meilleur angle.

Bien plus tard, j'ai su que mon père avait été très absent durant cette période et que ma mère avait sombré dans une dépression. En semaine, il travaillait dans une usine à Amiens, et le week-end il jouait du trombone dans un groupe de jazz. Ces années ont été d'une grande noirceur pour ma mère, rapidement ostracisée par une communauté villageoise dont elle n'était pas issue. L'éclat de cette fille de Britanniques fantasques, ayant grandi à Nice, New York et Londres, n'a pas dû aider.

Béhencourt, à la fin des années 1970, rappelait furieusement le village de Lépanges-sur-Vologne, où s'est déroulée l'affaire du petit Grégory, qui a révélé des territoires repliés sur eux-mêmes, soupçonneux et cruels.

Ma mère a fini par fixer un ultimatum à son mari. Soit ils quittaient Béhencourt sans plus attendre, soit c'est elle qui le quitterait. Mon père s'est fait muter. Une nouvelle vie nous attendait, jusqu'à ma majorité, dans une ennuyeuse banlieue parisienne. Accroupie sur la banquette arrière de la voiture, j'ai regardé le village s'éloigner par le pare-brise embué. C'en était fini des briques rouges, des tourterelles, de Jean de La Villéon et de la tristesse de Maman. Le tout serait bientôt rangé dans un petit tiroir du meuble de mon passé.

De toute évidence, mon bonheur ne fait pas celui de ma mère. Je m'en veux d'avoir cru qu'il en serait autrement. Quelque chose ne tourne décidément pas rond chez moi.

Peu de temps après, j'ai fait un rêve. Dans le salon, au premier étage de la maison rue du Grand-Jeu, Betty est assise sur la banquette rouge rubis. C'est l'été, elle est vêtue pour le soir : T-shirt noir à fines rayures violettes, longue jupe fluide en velours noir, l'obligatoire ceinture autour des hanches et d'élégantes sandales à petits talons. Betty déteste ses pieds. Trop grands. Elle chausse du 41, une aberration pour une femme de son époque, dit-elle.

Je m'approche sans faire de bruit. Elle attend quelque chose ou quelqu'un. Je ne sais pas. J'ai peur qu'à ma vue, elle disparaisse.

Je me demande ce qu'elle fait là, comment elle a su où me trouver.

Elle se lève, se retourne vers le grand miroir doré accroché au-dessus de la banquette, observe son reflet, bouche entrouverte, traque les petites imperfections. Elle réajuste sa frange qui s'est fendue tel un rideau avant de rehausser son carré court pour lui donner du volume. Elle agrippe sa pochette argentée, très disco, posée sur la banquette, et en sort un rouge à lèvres abricot, un ton plus foncé que ses cheveux. Elle esquisse presque un sourire pour aplatir ses lèvres. D'un geste sûr, elle applique le fard. Elle se regarde une dernière fois. Satisfaite, elle ouvre la porte donnant sur le petit bureau, tapissé du papier peint aux fleurs bleues, et disparaît derrière. À mon tour, j'ouvre la porte pour la rejoindre. Mais il n'y a aucun mur fleuri.

Je suis dans le grand salon aux murs couverts de chaux et de livres, au premier étage de la maison du Broc. Ma grand-mère est installée dans sa chaise en rotin pivotante où elle passait toute sa journée à lire. Je suis assise sur le sol, face à elle, comme lorsque je l'observais enfant. Elle porte sa tenue décontractée de jour : pantalon en coton beige, chemise de crêpe années 1970 à rayures verticales, chaussures plates à lacets. Elle est absorbée par un livre tout noir. Je n'entrevois ni le nom de l'auteur ni le titre de l'ouvrage. Sur les pages, aucun mot. Étonnée, je questionne Betty :

— *What are you reading ?*

Un brin agacée d'être dérangée dans sa lecture, elle soupire et me répond dans un français parfait, sans accent :

— Je ne comprends pas ce que tu dis, peux-tu répéter ?

Je l'interroge une nouvelle fois en anglais sur un ton plus lent.

— *What are you reading ?*

Betty relève la tête, plonge ses yeux vert d'eau dans les miens d'un air à la fois perplexe, rieur et cruel. Elle dit :

— C'est un livre sur ta mort, bien sûr !

Et là, elle se lève et disparaît.

Je me réveille en sursaut, attrape mon carnet bleu turquoise et note le rêve avant qu'il ne se dissipe, au stylo bic, dans une écriture désespérément illisible pour qui voudrait me relire, moi comprise. Ces rêves sont précieux, chaque détail compte. Au fur et à mesure que je griffonne les détails, je crois en comprendre la signification. Depuis une psychanalyse avortée une décennie plus tôt, je collectionne les rêves comme des trésors emplis de mystère et que moi seule ai le pouvoir de déchiffrer si je m'en donne la peine.

Je suis fatiguée ce matin mais si heureuse d'avoir revu Betty. J'aime qu'elle se soit invitée dans ma nouvelle vie à Saint-Sauveur. Que veut-elle me dire ? Elle a voulu me montrer, je crois, le livre que je n'ai pas écrit. Je pense aux pages désespérément blanches du capitaine Colette, père excentrique de l'autrice éponyme. De son vivant, il avait entreposé sur le rayon le plus élevé de sa bibliothèque une douzaine d'ouvrages cartonnés, au dos noir. Quand il mourut, la famille découvrit « des centaines et des centaines de pages blanches… Une œuvre imaginaire, le mirage d'une carrière d'écrivain[10] ».

On comprendra ainsi aisément pourquoi Colette jurait qu'elle n'était pas devenue écrivaine par vocation. « J'étais justement faite pour ne pas écrire », écrivait-elle, justifiant que le manque d'argent l'y avait conduite. Vraiment ?

Un jour, Colette a consulté un médium qui avait identifié à ses côtés « l'esprit » de son père. « Il s'occupe beaucoup de vous *à présent.* » Pourquoi *à présent* ? interrogea l'écrivaine. « Parce que vous représentez ce qu'il aurait tant voulu être sur la terre. […] Lui, il n'a pas pu[11]. » Œdipe passant par là, Colette n'hésita pas, lors de ses débuts littéraires, à utiliser le « beau papier vergé crémeux » des livres imaginaires pour écrire.

À la différence du capitaine Colette, j'ai déjà écrit. J'ai publié il y a quelques années un livre sur l'histoire rocambolesque d'un magnat du pétrole, presque tout aussi fantasque que le père de Colette. Je l'ai dédicacé à Betty, décédée quelques années plus tôt. Fière, elle aurait déclamé, sourire en coin, les yeux brillants de leur ironie coutumière : « *My grand-daughter the writer !* »

J'ai travaillé d'arrache-pied durant dix-huit mois pour accoucher de ce texte qui m'a tenue éveillée de longues nuits. Pourtant, une fois le livre publié, si j'étais satisfaite du travail abattu, je ressentais une sorte de vide. Dans son essai *Écrire*, Marguerite Duras explique qu'après la publication, le livre avance vers sa propre destinée tandis que son auteur se retrouve anéanti par la séparation d'avec son « dernier-né, toujours le plus aimé[12] ». Certes, il y avait ça mais pas que ça. J'en suis certaine, Betty aussi aurait été déçue. Elle se serait demandé quelle mouche avait bien pu piquer sa petite fleur aux pétales bleus. Consacrer presque deux années de sa précieuse vie à enquêter sur un grand patron ? Elle n'aurait pas compris ma grossière manœuvre, celle d'écrire un livre accessible dans un domaine que je maîtrisais et où j'avais mes entrées. Ce livre pour me donner confiance dans mon habilité à entreprendre un projet titanesque de recherche et d'écriture. Ce livre pour commencer quelque part, comme une passerelle entre le journalisme et l'écriture au long cours.

Ce livre pour éviter d'écrire les autres, ceux qui vous habitent mais dont vous détournez le regard.

Ce livre, ce compromis, pour vous dire qu'au fond vous n'êtes pas si lâche.

« Que vas-tu écrire après ? » aurait demandé Betty, le regard inquiet suspendu au mien. Je lui aurais répondu dans un soupir, les yeux baissés : « Je n'en sais rien, je n'ai pas de projet, ça viendra avec le temps. Et d'ailleurs du temps, je n'en ai pas, l'édition ne rapporte rien, je dois trouver du travail rémunéré. »

L'envie d'écrire persistait mais je n'y arrivais pas. Le sujet veut-il ce qu'il désire ? interroge Lacan. Dans la surface de ma conscience, j'estimais ne pas avoir le talent nécessaire pour m'envoler dans les hauteurs stratosphériques de la « littérature ». Au jeune Georges Simenon, venu lui proposer un conte à l'époque où Colette dirigeait la rubrique littéraire du journal *Le Matin*, elle lui lâchait que son texte était trop « littéraire ». « Il ne faut pas trop faire de littérature et ça ira. » Il tâcha alors d'être le plus simple possible, conseil judicieux qui lui aura servi.

Je suis d'accord avec Colette. Je ne porte pas d'affection particulière à l'écriture précieuse, se regardant elle-même, usant et abusant de métaphores complexes, de figures de style. Dans *Les Misérables*, Victor Hugo a écrit une phrase de huit cent vingt-trois mots, record battu de trente-trois mots par Marcel Proust dans sa *Recherche*. Longueur des phrases, symbole d'une époque dominée par la virilité littéraire. À l'adolescence, lire des romans étrangers, essentiellement américains, m'a (un peu) libérée de ce prisme français parfois trop esthétisant, où la littérature est perçue comme un monde à part. Plus libre, la littérature américaine s'exprime dans un langage simple et réaliste qui nous ressemble. Elle « n'a pas de moine qui fasse régner la terreur dans les lettres », nous dit l'auteur Tanguy Viel. « Elle est née d'aventuriers, de baleiniers, de fermiers qui n'ont jamais érigé le moindre mur entre leurs actes et leurs paroles, entre, même, la vie active et la vie contemplative. C'est pour cela que le roman américain supporte si bien le journalisme, le document, la digression, le commentaire. En fait, il supporte que la vie et les livres ne soient pas séparés. »[13]

Dans une émission radiophonique, l'écrivaine et éditrice Geneviève Brisac résume parfaitement mon ressenti. À ses yeux, les femmes n'ont pas suffisamment confiance en ce qu'elles ont dans la tête pour l'écrire. « C'est un vrai barrage, un vrai handicap, et il faut à ce moment-là avoir le courage d'être ridicule[14]. »

Virginia Woolf, explique-t-elle, cherchait une forme nouvelle d'écriture, correspondant entre autres à son identité de genre. Dépourvue de barbe blanche, elle ne pouvait, par exemple, s'identifier à Victor Hugo. Je repense aux rayonnages de livres couvrant la bibliothèque municipale et le salon parental : hormis Colette, des hommes, des hommes, des hommes et encore des hommes. Le second invité à l'émission radiophonique, Martin Rueff, professeur de littérature et poète, renchérit, insistant sur la nécessaire prise en compte de la différenciation sexuée de la voix intérieure.

La voix d'un homme change à l'adolescence, elle devient grave, lui conférant, dans l'inconscient collectif, une légitimité à dire, à écrire depuis la nuit des temps. *Male entitlement*, disent les Anglo-Saxons. Au contraire, la voix féminine reste peu ou prou celle de la petite fille. Cela, je crois, a structuré, encore plus qu'on ne l'imagine, notre fonctionnement collectif.

Ne muant pas, les femmes, dans les yeux des hommes et de nombreuses autres femmes, sont d'une certaine façon restées des enfants. Au travail, lors des réunions de rédaction, je note que les voix masculines, graves, puissantes, l'emportent systématiquement sur les voix féminines. Elles les écrasent, les broient, si bien que les femmes, si elles veulent être entendues, sont contraintes de lever la voix au point de s'entendre dire : « Non mais ça va, pas la peine de t'énerver ! » Alors comment, dans ce contexte, apprendre à faire confiance à son monologue intérieur, d'autant plus si la voix émanant de notre surmoi – cette instance psychique regroupant nos interdits – déborde de critiques et de jugements ? Comment ne pas se noyer dans le bouillon opaque de l'insécurité féminine, breuvage millénaire qui sape notre énergie créative ?

La semence de l'écriture d'un second livre ne germa donc pas. Les jours où je ne travaillais pas, je trouvais refuge dans la flânerie, l'hypocondrie, les déjeuners à rallonge, les petites crises de l'existence, la parentalité, les angoisses, la fatigue, le temps long. Le mystère s'épaississait car l'envie d'écrire persistait. J'avais beau essayer de m'en défaire, imperturbable, elle s'agrippait, se rappelant à mon bon souvenir à la moindre occasion.

« Nos questions les plus intimes patientent toute une vie, sans disparaître, ni renoncer, elles nous accompagnent puis vient un moment où elles sortent de l'ombre, dit Lydia Flem. Elles attendent, puis exigent nos réponses[15]. »

Qu'est-ce qui m'empêchait à ce point ?

À cette époque, j'avais pris pour habitude de me satisfaire d'un récit qui arrangeait mes affaires : mes parents ne m'avaient pas soutenue. Vers l'âge de vingt-cinq ans, je soumettais à leur jugement une nouvelle d'une trentaine de pages. Fragile et un peu stupide, je priais pour un retour positif de leur part. Pour une raison que j'ignore, leur aval m'était essentiel pour poursuivre. Leur réaction, mélange d'indifférence et de dénigrement, me fit l'effet d'une blessure profonde, impossible à cicatriser. J'envoyai une copie à Betty, qui ne rêvait que de ça. Sa réponse ne se fit pas attendre :

Crois-moi, Muriel, ton histoire est si bien écrite, bien mieux que ce que je lis dans le New Yorker. *Je veux en lire plus ! Quand m'en enverras-tu une autre ?*

Je pris la lettre, dont je ne croyais pas un mot, la portai à mon visage et pleurai. À ce tournant de ma vie, je pris la décision, plus facile sans aucun doute, de croire mes parents.

L'ACTE DE VENTE signé chez une notaire de Varzy, à une trentaine de kilomètres de Saint-Sauveur, nous fonçons retrouver *notre* maison. À l'horizon, un soleil aux rayons affaiblis se couche dans un ciel dur de janvier. Il fait déjà nuit lorsque nous nous dressons tous deux face à elle dans un silence recueilli. Le moment a toute son importance. Nous nous regardons, humons profondément l'air pur avant de glisser la longue clef dans la porte de notre nouvelle vie. À l'intérieur, nous sommes saisis par un froid humide.

La température extérieure est plus élevée qu'à l'intérieur.

Emmitouflés dans nos manteaux, nos bonnets et nos écharpes, nous traversons le large couloir décoré avec soin par Mme Roux. Au premier étage, nous allumons quelques lampes et déclenchons la vieille chaudière électrique.

Nous avons du mal à réaliser. Ça y est, la maison est à nous. Six mois d'attente avant cette vente. La trouille d'avoir perdu la maison car une autre personne avait déposé une offre. Il a fallu renchérir, être les premiers, insister et encore insister. Comment vivre sans cette maison après l'avoir rencontrée ? Je me souviens de notre joie immense, débordante, après l'acceptation de notre offre par les neveux de Mme Roux. De la cruelle déception ressentie quand une courtière en crédit immobilier a lâché, après avoir repris plusieurs fois son calcul, « désolée, votre projet est tout simplement infaisable ». Puis, *in fine*, du « oui » inespéré de notre banque.

Nous l'aimerons, nous nous en occuperons, et en échange je pressens qu'elle nous révélera un peu plus à nous-mêmes et nous rendra plus heureux. L'agencement des pièces me le signifie déjà. La maison pirouette sur elle-même, comme un tourniquet. En dépit de la petite surface, je réussis à me perdre et j'aime cela. Il y a deux façons de rejoindre n'importe quelle pièce, dans le sens des aiguilles d'une montre ou dans l'autre. Je me reconnais dans l'incongruité de la maison, dans son manque de logique, son asymétrie, ses recoins plus sombres, son humour, ses imperfections. Pas de murs droits pour venir vous rassurer. Tout en elle est biscornu, et pourtant solide.

François Vigouroux estime que certaines maisons sont maternelles, d'autres paternelles et même parfois androgynes. Ces différences ne sont pas fondées sur leur apparence mais plutôt sur le rôle que la maison fait jouer à chacun.

« À l'inverse de la maison maternelle, destinée à servir de refuge et où l'on peut se terrer, la maison paternelle permet de s'élever, d'embrasser du regard environnant pour prévoir et créer. [...] On y perçoit le désir de réussite et le désir de marquer la réussite[16]. »

Cette analyse, écrite en 1997 par un homme de soixante et un ans, me paraît désuète tant elle fige les genres dans des rôles caricaturaux. Tout de même, j'avoue ressentir la maison au féminin. Je m'y sens protégée comme dans le ventre maternel, première demeure. Ses murs et son toit nous abritent des aléas climatiques, des dangers, du rôle social que nous jouons. Bienveillante, elle nous murmure : *Enlevez vos habits du dehors. Affalez-vous. Ici, à l'abri des regards, soyez pleinement vous. Personne ne vous jugera. Dansez, criez, pleurez, rêvez, riez.*

Le premier étage est vieillot mais impeccable. Rien ne traîne. Les bibelots sont bien à leur place. La famille a presque tout laissé. L'abondante vaisselle – plats en tout genre, verres à vin, verres à eau, verres à digestif, tasses à café, à thé, cafetières, théières, cruches, couverts, poêles, gamelles, casseroles – est rangée dans un grand buffet. Les plaids en laine aux motifs de roses, le linge de lit en lin sont pliés à la perfection. La vieille dame a épinglé sur chaque drap un bout de papier datant le dernier nettoyage et repassage. Des bougeoirs et napperons sont disposés sur les commodes, étagères, tables de nuit. Des croix, des vierges et des psaumes. Une collection de couteaux anciens au manche d'ivoire et de poignards appartenait peut-être à son mari Georges. Accrochées trop haut sur les murs, de mauvaises copies de tableaux rapportées de voyages. Sur les étagères, à gauche de la cheminée, une collection de vieux livres reliés en cuir rouge : *Vingt mille lieues sous les mers* de Jules Verne, une bible, *Histoire de la Révolution française* et *La Deuxième Division blindée*, livre historique de cartes, de photographies et de témoignages.

Bien que je me sente ici parfaitement à ma place, je pressens déjà qu'encore longtemps, je n'oserai déranger le foyer de Madeleine Roux. J'ai l'impression qu'elle pourrait revenir à tout instant. Je suis aussi chez elle. Je suis précautionneuse avec des objets que je trouve laids. Je les dépoussière, puis les replace comme Mme Roux avait pris soin de les laisser. J'aime me sentir telle une invitée ou une squatteuse, profitant de l'absence de la propriétaire des lieux. Au premier étage, je ne changerai rien pour l'instant. Seul le lit dans notre petite chambre, aux dimensions d'un autre temps, devra être remplacé.

Je souhaite comprendre cette demeure, m'imprégner des vies qui m'ont précédée. Détruire à coups de massue et de sacs-poubelle ce qu'il en reste me paraît d'une violence inouïe. Je ne veux pas les effacer. Pas tout de suite. Je dois faire le deuil de ce passé que je n'ai pas connu. Mme Roux a encore un peu le droit de rester chez elle. Colette a bien sa maison à elle après tout, préservée – ou plutôt recréée – à l'identique de son enfance par une association d'amis de Colette qui l'a rachetée pour en faire un musée.

Alors, pourquoi pas Madeleine ? De toute façon, elle doit s'habituer à nous et s'assurer qu'elle peut nous faire confiance pour prendre soin de sa maison. La mort, la disparition, l'effacement des vies me font horreur. C'est pour cela que je garde Betty au plus près de moi. Je ne veux pas la laisser partir. Car si elle me quitte, je ne sais pas qui me montrera la voie, qui m'aimera pour l'éternité. Georges et Madeleine Roux n'ont pas eu d'enfants. Ils ne pouvaient pas. Bientôt, ils disparaîtront pour toujours.

En attendant de jeter toutes ces vieilleries à la déchetterie, nous nous approprions les sons et les odeurs du logis. Sous peu, ils nous seront familiers. Ils seront nous. Le grincement d'une porte ne nous fera plus sursauter. Le ronronnement de la chaudière électrique ne nous réveillera plus, l'aboiement au loin d'un chien sera devenu coutumier, de même que l'écho du vent fredonnant sous les portes et dans les cheminées. Les vies passent, les maisons demeurent. Les murs abritent tant de secrets dont nous ne savons rien.

Trois mois plus tard, dans le restaurant fermé d'Emmanuelle, une atmosphère lourde s'est installée. Avec son compagnon Willy, nous venons de suivre l'adresse présidentielle à la nation. Nous sommes le 12 mars 2020 et, pour la première fois, la gravité de la pandémie nous frappe de plein fouet. Aucun confinement n'a encore été annoncé mais il paraît désormais inéluctable.

— Il ne faut pas rester seul ce soir, venez manger à la maison ! lâchent-ils de concert.

Nous voici donc réunis chez nos voisins, à l'entrée du village. Non, en effet, mieux vaut ne pas rester seul ce soir. Pas après avoir entendu ces mots-là. Pas maintenant. Bientôt, la solitude viendra nous rattraper. Si tout paraît encore presque *normal*, l'énormité de la situation enfle dans nos consciences. Elle brouille les traits de nos visages. Flottent dans l'air les mots « crise sanitaire », « grippe espagnole », « confinement », « intérêt collectif », « fermeture des écoles ».

— Je devais ouvrir le restaurant la semaine prochaine. Avec Willy, on a préparé des centaines d'escargots. Qu'est-ce qu'on va en faire ? Les jeter ? s'inquiète Emmanuelle.

Comme les chauves-souris, les hérissons ou les crapauds des forêts alentour, son établissement, qui surplombe la place du Marché, hiberne l'hiver pour reprendre vie au printemps. Emmanuelle inspecte son réfrigérateur et finit par s'excuser :

— Je n'ai que des pâtes et du beurre à vous offrir.

Des pâtes au beurre ? Je ne crois pas pouvoir rêver mieux à cet instant précis. Quelques années auparavant, une amie parisienne m'avait dit : « Je déteste cuisiner. J'aimerais bien pouvoir offrir à mes invités un plat de pâtes et ne pas me prendre la tête. » J'avais trouvé l'idée simple et brillante mais, à mon regret, elle ne s'était jamais traduite en acte. À Paris, inviter des amis à dîner semble parfois relever du parcours du combattant. Le premier défi, et pas des moindres, est d'identifier une date, les Parisiens passant tout leur temps à quitter la capitale. Ensuite, il serait malvenu de gratifier l'invité – ayant sacrifié son week-end – d'un repas médiocre. Il est donc nécessaire de repérer une recette à la fois gourmande et originale, car les amis ne manqueront pas de remarquer si vous radotez culinairement parlant. Suivent les courses, la préparation, le rangement de l'appartement et l'accueil.

La tâche du dîner est ainsi rendue si ardue que, plus on avance en âge, plus la tentation est grande de renoncer à cette activité, pourtant clef de voûte de nos rapports amicaux.

« Je n'ai que des pâtes et du beurre à vous offrir », c'est dire « on a envie de passer du temps ensemble, le reste c'est pas grave ».

Leur fille de dix-sept ans est occupée à finaliser sa liste pour Parcoursup, le logiciel qui recueille les vœux d'affectation des futurs étudiants. Elle se tâte sur son avenir, lance des *je sais pas trop,* la moue boudeuse, aux adultes qui l'interrogent. Comme je l'envie. La tragédie du moment semble complètement lui échapper. Les adultes, eux, oscillent entre des considérations prosaïques et la panique. « De toute façon on n'a pas le choix » ; « Tu me passes le sel s'il te plaît ? » ; « On fera bien ce qu'on nous dira de faire » ; « Alors, moi, vivre enfermée, ce sera pas possible ! » ; « Vous avez des masques, vous ? » ; « Je te ressers du vin ? – Euh non, je conduis et j'ai déjà bu trois verres… bon allez, d'accord » ; « Ce qui compte c'est de préserver des vies » ; « Mais merde p'tain comment je vais faire ? Je ne suis pas salarié moi ! » ; « Ed, Muriel, vous allez rester à Saint-Sauveur pour le confinement ou rentrer à Paris ? – Ben, les travaux ont commencé au rez-de-chaussée. On n'a pas d'eau et à peine de l'électricité. – Vous serez quand même mieux ici qu'à Paris. Si vous voulez, venez prendre vos bains à la maison, il faut pas hésiter. »

Nous restons éveillés toute la nuit. Mon cœur chavire à l'idée de quitter la maison, le village. Le matin, nous prenons notre petit-déjeuner dans le jardin. Il fait chaud pour un mois de mars. Aveuglés par les premiers rayons du printemps, nous clignons des yeux. Nous préférons ignorer encore un peu les nuages qui nous narguent à l'horizon. La peur nous accable, figeant notre capacité à penser. Nous devons décider, et vite, afin de nous organiser : « On ne peut pas rester ici, si ? » ; « Il faut appeler Nino pour qu'il nous rejoigne » ; « Mais nous n'avons pas de médecin à Saint-Sauveur… »

À cet instant, une voix chaude résonne dans la maison :

— Muriel, Ed ? Vous êtes là ? C'est Willy, je me suis permis d'entrer !

Bonheur, un être humain qui n'est pas nous. Depuis le jardin bourdonnant, nous ne l'avions pas entendu toquer à la porte. Nous sachant dépourvus d'eau - le gros œuvre a débuté au rez-de-chaussée –, notre voisin croit avoir trouvé la solution. Il transporte, enroulés autour de son épaule, des mètres de tuyaux souples, bleus et rouges. L'heure est aux stratégies de survie.

Ed et Willy projettent de relier le point d'eau du rez-de-chaussée au robinet à l'étage. L'enthousiasme gagne les cœurs.

— Ed, tu peux me passer le tournevis ? demande Willy, clou dans la bouche, perché sur un escabeau.

Le petit garçon dans le corps d'Ed s'active. Il enjambe avec élan les marches de l'escalier, deux par deux, pour aller chercher son tote bag débordant d'outils.

Au milieu de cette agitation, je ne sais quoi faire de mon corps. Je suis paralysée par mon incapacité à aider, d'une manière ou d'une autre. Je ne comprends pas ce qu'ils fabriquent, mais eux, sans presque avoir besoin de parler, sont à l'œuvre. Je finis par accepter que, si vraiment je souhaite me rendre utile, je n'ai qu'à débarrasser le petit-déjeuner et faire la vaisselle dans le seau d'eau, posé à proximité du robinet extérieur. Me voici donc renvoyée à la place de « femme ». Je plonge mes mains dans l'eau glaciale, presse l'éponge imbibée de liquide vaisselle contre les parois des tasses, des assiettes, des couverts. Puis avec un torchon, sèche soigneusement chaque ustensile.

— Willy, Ed, je vous prépare un café ? (Ça, je sais faire.)

Les deux « héros » affichent un sourire rayonnant. Ils ont réussi leur coup et rétabli l'arrivée d'eau à l'étage. Willy, sirotant son expresso, nous interroge une nouvelle fois :

— Alors, vous avez pris une décision ? Vous rentrez ou vous restez ?

Au fond, nous connaissons la réponse. Il faudra, la mort dans l'âme, rentrer à Paris, où il sera plus aisé de se laver, de cuisiner, de se chauffer, de travailler avec un accès à des médecins en cas de maladie. Mais nous ne savons pas quand nous pourrons retourner à Saint-Sauveur. Des infos circulent déjà sur les réseaux sociaux. Un confinement sera décrété prochainement. Certains, je n'ose les croire, prophétisent une durée de quarante-cinq jours. On parle d'un confinement strict avec des déplacements brefs, à proximité du domicile, seulement si nécessaires.

Peu à peu, je trouve mes repères dans la maison. J'ai vidé et nettoyé le grand buffet dans le salon pour y ranger des affaires. C'est étrange, je peux vivre dans le désordre le plus total et me sentir à mon aise, du moment que mes vêtements sont impeccablement pliés et rangés. C'est ma façon de dire : *Maintenant tu vis ici, tu peux te relaxer, ta vie n'est pas un mouvement perpétuel*. Quand je voyage, même pour de très courtes périodes, je ressens ce puissant besoin. Si la place manque dans les placards, je ne peux commencer mon séjour. Ed se moque gentiment car lui, toujours sur le qui-vive, préfère laisser ses effets dans sa valise, au cas où il faudrait s'échapper tout à coup. *La chatte et le chien.*

Ce dîner impromptu chez Emmanuelle et Willy m'a réconfortée. À Paris, nous connaissons à peine nos voisins. La vie y a beaucoup changé. Au seuil du nouveau millénaire, Ed et moi avons quitté Londres, ville démesurée. J'avais décidé de m'installer dans la capitale britannique, où je suis née, pour y renaître, décrocher mon premier emploi et vivre aux côtés d'Ed. Mais, au bout de deux ou trois années, j'ai commencé à voir Paris partout. Si je remontais le flanc de Primrose Hill, au nord de la capitale, j'étais saisie par des visions de Montmartre. Longeant la corpulente Tamise, je songeais à la taille fluette de la Seine. Bien que moitié anglaise, il m'était impossible d'y trouver ma place tant je butais sur les codes de cette culture pétrie de tabous.

Dans notre premier quartier parisien, rue de la Fidélité, s'offrit à nous une vie riche, cosmopolite, dont l'épicentre était le Virage, un joli café tenu par un couple d'Auvergnats. Fréquenté par une faune de travailleurs, d'artistes, d'étudiants, nous nous y sommes incrustés et, en quelques souffles, avons été accueillis comme si nous avions toujours vécu là. Nous y avons rencontré Eunice, autrice, et Ken, artiste, des amis américains très chers. Comme Peter et Betty, leur vie s'étirait tel un élastique entre Paris et New York. Ils avaient tout en double : maisons, amis, univers, langues, musées, habitudes culinaires, vues, obsessions, actualités, vêtements, livres. Ils sont devenus nos éclaireurs, nous ont montré les possibilités d'une existence plus intense, à laquelle nous aspirions sans savoir comment y accéder. Ed intriguait par sa beauté singulière et son charme anglais. Michel, le tenancier du Virage, s'est mis en tête de lui apprendre le français. Tous les jours, dans l'attente d'une commande de presse, Ed s'accoudait au zinc avec son café-verre d'eau, et lisait à voix haute *Le Parisien*. Michel le corrigeait.

Colette est tombée amoureuse de Paris après avoir compris que la capitale n'était qu'un patchwork de « provinces liées par le plus ténu des fils conducteurs ». À ses yeux, aucune autre capitale n'est « pareillement composée non seulement de quartiers, mais d'îlots, formés par deux ou trois rues, un reste de jardin, une cour, îlots qui ont chacun un conformisme particulier, leur quant-à-soi, leur solidarité de groupe, leurs chats indivis[17] ». Captive de Paris, Colette avait le mal du pays. « J'appartiens à un pays que j'ai quitté[18] », écrivait celle qui comprit que son salut viendrait de la reconstitution de sa province natale, dans tous les arrondissements où elle vivrait.

Rue de la Fidélité a été notre premier « îlot ». Il y en eut d'autres, toujours dans le dixième arrondissement. Mais au fil des années, l'explosion des prix de l'immobilier a chassé de la capitale cette classe dite moyenne. Sans elle, plus d'îlots, de Paris populaire, de mixité sociale dans les écoles et les cafés. Alors, en sens inverse de Colette, je crois que je suis venue retrouver à Saint-Sauveur cette vie de quartier tant aimée.

D'ABORD, J'ENVISAGE UNE ELLIPSE, L'OUBLI. Un grand bond en avant qui nous ferait passer de la rive du monde ancien à celle du monde suivant. Qui souhaite replonger dans les eaux troubles de cette époque ? Pas moi et, sans doute, pas vous. Il faut tenir ces années Covid à bonne distance pour être sûr qu'elles ne nous rattraperont pas. Et ne suis-je pas illégitime à prendre ainsi la plume pour évoquer ce traumatisme collectif ? Ne faudrait-il pas davantage de recul pour mieux comprendre ? Toutes ces questions entêtantes s'infiltrent dans des rêves absurdes. La nuit, je m'éveille ahurie. Cette période a agi comme un fusil à double détente. La première balle m'a mise à terre. Pour la première fois, j'étais sans échappatoire. Je n'ai eu d'autre choix que de constater la tristesse et la noirceur qui m'habitaient. Pour éviter de sombrer, j'ai construit des mécanismes de diversion qui, un temps, ont brouillé les pistes. Puis, alors que l'hiver 2020-2021 s'achevait et que la vie reprenait, une deuxième balle m'a percutée. Je suis tombée dans l'épaisse matière gluante de ma mélancolie. Mais, sans pouvoir l'expliquer, une force vitale qui venait d'encore plus loin m'a relevée. L'épreuve a été l'occasion d'un changement salvateur, modifiant profondément mon rapport au monde, aux autres et à moi-même. Et c'est de cela que j'aimerais ici parler.

Janvier 2021. Un mercredi, je note dans mon journal ma « longue glissade » ; « une perte totale de confiance en moi » ; « une immense déception » ; « une béance gigantesque ». Nous sommes loin à présent de ce mois de mars 2020, où la sidération, la colère mais aussi une étrange forme d'excitation dominaient nos vies. Le soir à vingt heures, nous nous applaudissions pour nous autocongratuler d'avoir « résisté » une journée de plus.

Notre univers se situait désormais ici dans notre appartement. Dans ce temps étiré à l'infini, chaque pièce devenait à elle seule un continent. Chaque jour de ce premier confinement, je prenais un sac de voyage et choisissais une destination au hasard. Lorsque j'optais pour le salon, cette terre mal connue, je passais plusieurs heures d'affilée à observer depuis notre canapé la façon dont la lumière changeante renouvelait chaque minute le décor, se faisant plus intense à mesure que la saison progressait vers l'été.

En ces contrées inexplorées, je repérais aussi des désastres : des fissures là où la terre avait tremblé, la peinture écaillée là où l'humidité s'était infiltrée, des taches au mur, sur les portes et les placards, là où des doigts sales avaient traîné. Je me retrouvais parfois à mirer, des heures durant, un objet, une plante, un tapis, autrefois insignifiants, voire complètement ignorés. À l'intérieur de cet espace-temps si singulier, l'oisiveté, la poésie et la mélancolie décriées dans nos sociétés étaient enfin légitimes. Face à l'inconcevable, elles ont été nos bouées de secours.

Dans son ouvrage *Chez soi*, Mona Chollet décrit comment « la maison desserre l'étau ». « Dans une époque dure et désorientée [...], il peut y avoir du sens à repartir de nos conditions concrètes d'existence [...] de ces plaisirs qui nous maintiennent en contact avec notre énergie vitale : traîner, dormir, rêvasser, lire, réfléchir, créer, jouer, jouir de sa solitude ou de la compagnie de ses proches, jouir tout court, préparer et manger des plats que l'on aime[19]. » Elle a peut-être raison et j'envie sa capacité à être seule. Lorsque Ed part en reportage et que Nino est absent, je panique. Je ne dois pas m'aimer assez pour supporter ma compagnie sur une longue période.

Je me demande comment Mona Chollet vit le confinement. Le plaisir de la « casanière » n'est-il pas d'autant plus vif qu'elle a le choix de se retirer du monde pour reprendre des forces, mieux s'en protéger, n'être là pour personne ? Cette décision repose entièrement sur son libre arbitre. Dans le cas d'une réclusion imposée, je ne suis pas convaincue qu'il nous soit possible de trouver la liberté de respirer, de se laisser exister ou d'explorer ses désirs. Je ne sais pas quelle valeur attribuer à un *cocooning* décidé par autrui.

Les interminables mois d'hiver puis de printemps s'écoulent. Des mois de vide, de grisaille et de tristesse. Une lourdeur. Un tourbillon de restrictions. Interdiction de sortir après dix-huit heures. Interdiction de se déplacer au-delà de dix kilomètres de son domicile. Interdiction de sortir sans un masque. Plus de restaurants. Plus de cafés. Plus de cinémas. Plus de musées. Plus de fêtes. Plus de rires. Plus de légèreté. Plus de sourires en coin. Plus de regards séducteurs. Plus de complicité entre deux étrangers. Un monde sans visage. Plus beaucoup d'humanité, à vrai dire. À la place, des gens profitent de l'anonymat que le masque offre pour sauter une queue, vous bousculer. Les codes sociaux sont bouleversés.

Je rejoins la sociologue Laurence Kaufmann lorsqu'elle explique qu'« arracher à autrui sa face sociale pour le réduire à un corps biologique n'est pas sans conséquence : le visage d'autrui étant la source privilégiée de nos réactions d'empathie, le "défacer" peut être synonyme de cécité émotionnelle et de torpeur morale[20] ».

Nous vaquons à nos occupations les yeux souvent baissés. Qui sommes-nous sans le regard des autres ? Personne. Nous nous effaçons. Nos amis ? Ils voguent au loin. Nous sommes passés de « on se refait un FaceTime la semaine prochaine ? » à un petit texto laconique « Bonne année (de merde) 2021 ».

Même moi, si enjouée avec mes proches, je ne vois plus l'intérêt de les contacter. Que dire ? Nous sommes tous au fond du trou à tenter tant bien que mal de ne pas nous effondrer. Nous nous réservons. Nous voudrions qu'ils gardent une bonne image de nous. Les revoir après avoir repris le dessus, pour ne pas se montrer trop fragiles. Heureusement, Ed et Nino sont là. Nous nous serrons les coudes. Tous les jours, j'observe leur humanité.

Nos aller-retour illégaux à Saint-Sauveur nous sortent de notre torpeur. Il y a ces dîners interdits mais salvateurs chez Christine et Patrick, le couple de brocanteurs. Lorsque nous allons les voir, nous nous habillons en noir et n'allumons pas nos torches dans la nuit. Il y a aussi ces longues promenades main dans la main. Regarder les vaches nous regarder. Admirer les bourgeons éclore dans notre bout de jardin. Planter la vie encore et encore. Commander du bois. Bien manger. S'émerveiller de notre maison. Observer notre chatte. La fixer droit dans les yeux pour tenter de la comprendre. Trouver un équilibre dans tout cela.

Petit à petit, cette chose monstrueuse que nous vivons est devenue notre quotidien. Une nouvelle normalité s'installe avec des joies inédites. La question qui hante nos journées : « Il est quelle heure ? Il ne faut pas oublier d'aller faire des courses avant le couvre-feu. » Nous fonçons masqués vers le supermarché pour chercher quelques victuailles. Parfois, lorsqu'un rayon de soleil nous accompagne et qu'il nous reste encore dix minutes avant de rentrer dans nos apparts-prisons, nous prenons un verre debout à côté d'un bistrot.

Mi-juin 2021 : levée des restrictions. Le port du masque à l'extérieur n'est plus obligatoire. Lorsque je sors démasquée pour la première fois, je me sens nue. Ma bouche, dissimulée depuis si longtemps derrière mon masque, me paraît soudain grotesque et laide, une partie du corps que l'on devrait garder cachée (aïe, ça fait mal d'écrire ça). J'ai l'impression que tous les yeux sont posés sur moi, comme si j'exhibais mon sexe à qui le veut bien. De toute façon, je n'ai plus envie de sortir. J'ai peu à peu éteint mes désirs pour me protéger de la souffrance de ne pouvoir les réaliser. La difficulté est qu'ils ne reviennent pas. Je me suis habituée à vivre enfermée, sans voir personne, sans projet d'avenir. À présent, les autorités nous donnent l'ordre de reprendre notre vie d'avant.

Mais c'était quoi, au juste, ma vie d'avant ? Je ne m'en souviens pas. L'été arrive mais des nuages tortueux s'accumulent dans ma tête. Où est mon envie de vivre ? Je n'ai plus rien à dire à personne. Je me demande si certains remarquent mon effondrement intérieur. Fais-je illusion ? Et les autres ? Font-ils aussi semblant ?

Il me faut me réapproprier l'espace extérieur – longtemps désigné comme ennemi public numéro un – et raviver le goût des liens. Éloignée des distractions de ce monde, j'ai trouvé quelque chose d'immensément précieux. Quelque chose que je ne veux perdre : aimer être seule, laisser libre cours à mes fantaisies, mon oisiveté, ma tristesse, mes rêveries. Mais surtout accepter d'écouter ma voix intérieure, et comprendre qu'elle est légitime. « La solitude est ce sans quoi on ne fait rien[21] », nous dit Marguerite Duras. Être en sa propre compagnie n'est pas comme être seul, ou esseulé, c'est une confrontation avec soi-même, énonce Annabel Abbs. « Et si on évite d'en passer par là, comment cesser de se cramponner aux habitudes du passé ? Comment changer, progresser, se développer ? Comment tout simplement *devenir*[22] ? » Cette période tumultueuse, si elle a mis mon moral à rude épreuve, m'a permis de conquérir de nouveaux territoires.

« Et si nos maisons devenaient, en temps de crise, le terreau du changement[23] ? » questionne le psychanalyste Alberto Eiguer. Restreinte à l'infiniment petit, j'ai dégagé en moi-même un nouvel horizon, une étendue généreuse dans laquelle je me sens enfin capable d'exister, de prendre toute ma place et d'exhumer mes désirs les plus enfouis : le livre noir de mon rêve.

Il est quatre heures du matin, je peine à trouver le sommeil. J'allume la lumière. Depuis des semaines, je vis dans mon lit. J'y dors, mange, lis, souffre, passe mes appels. Dans cette nouvelle vie d'épuisement, d'essoufflement, de perte du goût et de l'odorat, chaque jour offre le même décor. Sur la table de nuit : médicaments, verre, carafe d'eau.

Depuis le lit, une vue immuable sur la cour de mon immeuble. J'observe la silhouette d'Ed aller et venir tel un ange. Ed attend lui aussi. Il n'aime pas me voir différente, alors tant qu'il peut, il m'évite. Il se focalise sur les tâches du quotidien et son travail. Il dit : « *We'll get through it.* »

Face à moi, une grande photo encadrée d'un vieux cinéma 1950 désaffecté, prise par Ed quelque part au Pays de Galles. Il retourne régulièrement en Grande-Bretagne pour ses travaux personnels et des commandes de presse. Un immense graffiti orne la devanture : *It has*

BEGUN... C'est sa façon d'illustrer le désastre du Brexit. Moi, cette image me fait penser à ma putain de maladie.

Elle a commencé mais je n'ai aucune idée de quand, et si, elle se terminera. Les semaines passent sans que mon état s'améliore. Ma cage thoracique est écrasée, mon souffle est si court que je ne trouve plus la force de parler. Je redoute de rester comme ça pour toujours. Ma mère dit en riant : « Ah, tu comprends enfin ce que ça fait d'être vieux. Moi, c'est tous les jours ! – Je n'ai pas soixante-seize ans, Maman. »

Covid long, c'est le mot à la mode, qui terrorise tout le monde. Personne ne sait, personne ne comprend. Certains ne se remettent pas. Nous ne savons pas si la maladie durera encore quelques mois, quelques années ou à vie.

Heureusement, il y a les livres. Je me délecte de ne pouvoir faire que ça. Mon embarcation navigue à travers les mots, les époques, les univers et les continents. Je suis encore bouleversée par le roman que je viens de terminer : *La Plus Secrète Mémoire des hommes*, de Mohamed Mbougar Sarr. Ce livre, teinté de magie noire, m'a envoûtée. Un passage m'a tenue éveillée une nuit entière, les yeux fixant l'obscurité immobile : « Chacun de nous doit trouver sa question. [...] On ne cherche pas sa question pour trouver le sens de sa vie.

On la cherche pour faire face au silence d'une pure et intraitable question. Une question qui ne posséderait aucune réponse. Une question dont le seul but serait de rappeler à celui qui la pose la part d'énigme que sa vie porte[24]. » J'ai cherché mon intraitable question sans succès.

Certes, il y a une obsession. M'efforcer à me défaire du passé, de mes empêchements. Trouver ma place dans ce monde, écouter ma voix intérieure et accepter sa légitimité, ne plus me renier. Je m'en veux d'avoir mis tant de temps à comprendre l'importance d'admettre mes désirs. Pas les visibles, ceux qui flottent à la surface de nos consciences, comme devenir journaliste, vouloir un enfant ou déménager, mais les plus enfouis, les plus secrets, les plus indicibles. Car les avouer c'est déjà dire qu'on doit les mettre en œuvre et se confronter à la possibilité de l'échec, ou pire, de la réussite.

Suis-je effrayée de ce qui jaillira hors de moi ? J'ai conscience de cette chose logée à l'intérieur, qui ne demande qu'à s'échapper, mais aussi de l'énergie déployée pour la contenir. Plus jeune, je n'avais pas encore compris comment la refouler. Elle pointait sans crier gare, engendrant des crises de colère monumentales : à l'encontre de mes parents, d'Ed, de la société aussi, si j'avais le sentiment de ne pas être entendue ou de ne pas être vue. Ma frustration giclait, à la façon du sang d'un poignet tranché. Puis la plaie se refermait. Un temps seulement.

J'ai toujours su que je voulais écrire. J'ai rédigé une foule d'articles dont je tire rarement de la fierté. Je sais l'arnaque. Je comprends ceux qui n'aiment pas les journalistes. On exagère, on développe des thèses que l'on tente d'illustrer. La vie n'est pas comme ça. Elle est bizarre, faite de vérités et de contre-vérités, d'explications alambiquées. Certes, nous informons aussi, mais j'ai conscience des limites de cet exercice.

Pendant longtemps, je ne me suis pas autorisée à écrire. Je hais cette expression. Les hommes ne disent pas ça. Ils font ou ne font pas. Je reprends. Longtemps, je n'ai pas eu la force de combattre l'ogre qui me barrait la route. J'aurais pu lui donner une bonne vieille trempe mais je ne l'ai pas fait. Je l'ai laissé me terroriser. C'est pour cela que je m'en veux.

J'ai détourné ma détermination vers des choses qui n'avaient pas assez d'importance. Il fallait bien me voiler la face. Nos questions « attendent, puis exigent nos réponses. Il est l'heure, disent-elles. Tu as assez tergiversé, oublié, déplacé, réprimé, nié, dénié, refoulé, minimisé, occulté, enfoui, travesti, embrouillé, mis sous scellés, trahi. Cela suffit. Stop. Basta. Rends-toi, renonce à ce jeu de cache-cache avec toi-même[25]. »

Je passe trop de temps à blâmer. Ma mère de ne pas avoir cru en elle-même, et donc en moi. D'avoir projeté les limites de sa vie sur la mienne, de n'avoir pas cherché à écouter ni à comprendre qui j'étais. Ou est-ce l'inverse ? Je blâme mon père, cette âme solitaire et taciturne, de ne m'avoir ni regardée ni considérée. Je me blâme de les avoir laissés m'atteindre. Je blâme les stéréotypes de genre qui ont marqué mon enfance et ma vie de jeune femme. Je blâme les noms presque exclusivement masculins imprimés sur les tranches des livres alignés dans la bibliothèque parentale. Je blâme le manque de temps, bouffé par le travail rémunéré pour rembourser un crédit, payer les charges, les vacances, des produits alimentaires à peu près décents, et tout le reste. Je blâme ma terreur à l'idée de manquer d'argent, ma façon d'être trop responsable, trop fiable, de vouloir protéger les uns, les autres, moi-même, au détriment de mes aspirations profondes. Je me blâme de ne pas m'en foutre royalement et de ne pas aller chercher ma liberté avec mes dents. Je me blâme de blâmer. Je n'ai plus le temps.

En me remémorant le décor de mon enfance, je réalise que je n'aime pas les maisons conformistes, avec les pièces à vivre au rez-de-chaussée, et les chambres et la salle de bains à l'étage. Ces maisons aux murs droits, je les fuis, comme je fuis le souvenir du pavillon familial. À tant vouloir la normalité, cela cachait quelque chose de louche, de défaillant. Un fonctionnement familial perturbé.

À Saint-Sauveur, il y a deux lieux de vie, deux salons traversants, l'un au-dessus de l'autre. C'est absurde, songeraient certains, et ils auraient probablement raison. Tout y est circulaire, tordu, ludique. Il n'y a pas de règles, pas de structures rigides qui offriraient à quiconque une autorité sur les autres membres de la maisonnée. On y est libre d'être qui on veut.

Si j'exécrais la façon dont mon père s'érigeait en maître absolu du foyer, j'étais abasourdie par la soumission de ma mère, mon modèle. Bats-toi, nom de Dieu, bats-toi, ne te laisse pas faire ! Travaille ! Gagne ton argent !

Jamais je ne dépendrai d'un homme. Je me le suis juré. Lasse, elle éprouvait une difficulté infinie à se battre. Son premier ennemi n'était pas mon père ou la société patriarcale dans laquelle elle évoluait, mais elle-même. Elle avait intégré depuis toujours ce qu'elle nommait sa « nullité ». Elle disait n'avoir aucun talent et fustigeait sa lenteur. Cette bataille qu'elle menait contre elle-même l'exténuait. À peine avait-elle mis le pied hors du lit qu'elle se plaignait d'être épuisée. Cuisiner l'éreintait, conduire les enfants l'accablait, travailler était une épreuve.

Quand j'ai décidé de quitter l'Angleterre pour rentrer vivre en France, ma mère s'est inquiétée. Après d'interminables recherches, j'avais débusqué un poste de correspondante pour une agence de presse américaine à Paris. Quand je l'ai appelée pour lui annoncer la bonne nouvelle, elle a d'abord répondu par un silence désapprobateur. Puis, elle a dit sur un ton paniqué :

— Mais Ed va te quitter !

— Comment ça ?

— Ben oui, les hommes ne suivent pas les femmes, c'est comme ça.

Ed n'a pas eu grand-chose à lâcher. Il détestait son travail mal rémunéré dans une maison d'édition scientifique, où il s'ennuyait mortellement. Après un doctorat en mathématiques, il rêvait de devenir photographe de presse. Le coût de la vie à Londres l'empêchait de poursuivre sa passion. Il pourrissait dans une impasse. Déménager à Paris lui a ouvert la voie. Mes parents furent consternés par ce choix. Ils avaient imaginé pour nous une vie dans laquelle Ed deviendrait ingénieur, comme mon père. Le jeune homme appliquerait son savoir à l'industrie. Dans cette vie *copy/paste*, nous habiterions en banlieue. Muriel mettrait ses velléités professionnelles de côté pour s'occuper de sa famille et cesserait de s'habiller trop « jeune fille » pour devenir une femme *respectable*. Ils n'avaient rien écouté, rien compris. « Ce sont les génies, comme Henri Cartier-Bresson, qui vivent de leurs photographies, pas les autres », répétait mon père à l'envi. « C'est un hobby, pas un travail, sauf très rares exceptions, renchérissait ma mère. Ton père et ton grand-père ont tous les deux fait de la photo, développé leurs films, ce n'est pas pour autant qu'ils sont devenus photographes. » Depuis, au moindre signe de faiblesse de notre part, qu'il soit d'ordre financier ou autre, ils ne peuvent s'empêcher d'y voir une victoire, la preuve de nos mauvais choix. Nous ne sommes pas devenus eux. Ils ne nous l'ont pas pardonné.

C'EST QUAND MÊME UNE DRÔLE DE CHOSE, la relation si intense et fusionnelle entre les filles et leurs mères. Un amour souvent impossible, entraînant son lot de tristesse, de folie et de rage. Nos mères, ces modèles sur lesquels nous butons et nous construisons.

Une vision : Il est seize heures trente, c'est la sortie des classes. Ma mère, une fois n'est pas coutume, à côté des autres mères. Son éclat oblitère tout le reste. Sa beauté sidérante laisse sans voix. Presque Miss Londres. Elle m'a montré les coupures de journaux jaunies où on la voit, radieuse, coupe au carré et mini-jupe, entourée de neuf autres femmes, les plus belles de la capitale. Elle disait s'en moquer, que ce n'était pas important. Je crois qu'elle aurait voulu que ça cesse, toute cette admiration, ces regards appuyés, ces hommes qui se retournent, leurs femmes qui la foudroient. Ça la mettait mal à l'aise, cette beauté dont elle ne savait que faire. Où la ranger pour qu'on la laisse enfin tranquille ? Elle aurait voulu qu'on l'aime pour autre chose. Seul comptait son mari. L'idée même des autres hommes lui donnait la nausée, réminiscence honteuse de la frénésie amoureuse de Betty.

Ma mère passait de longues journées seule à la maison. Et les gens qui passent beaucoup de temps seuls ont tendance à s'écouter parler dans une sorte de dialogue étrange avec eux-mêmes. Il vaut mieux ne pas les interrompre. Enfant, j'ai pris le pli de l'écouter. Si je ne prenais garde à maîtriser mon flux de paroles, elle me coupait : « Et moi, et moi et moi et sept cents millions de Chinois. » Honteuse, je me taisais. De là me vient cette facilité à poser des questions, à enregistrer, à relater, et à complètement m'effacer. Ego réduit à pas grand-chose. Le journalisme fut le prolongement naturel de mon enfance.

Il aura fallu ces deux années de crise sanitaire pour me rendre compte de cela. J'ai enfin pu m'échapper des autres et de mon désir pathologique de les écouter. Plus jeune, j'éprouvais des difficultés à parler de moi. Quand, acculée, je prenais mon élan, un écho assourdissant se mêlait à ma propre voix, m'arrêtant net : *Tu n'es pas intéressante, ils vont s'endormir, ils vont ricaner, ils ne t'aimeront que si tu les écoutes.* Je ne finissais pas mes phrases, changeais habilement de sujet pour détourner l'attention. Ed a détecté la manœuvre et ne m'a pas lâchée.

Quand j'étais enfant, ma mère m'offrait son large sourire, sa chaleur, sa protection face aux enfants violents, aux professeurs sadiques, aux voisins tordus et au mari injuste. Quiconque me brutalisait, me tourmentait, me blâmait à tort, s'en prenait aussi à elle.

Ses colères m'étaient insupportables. Rien n'était pire que sa moue désapprobatrice. Elle percevait mes sottises comme de graves traîtrises. Si elle osait témoigner de l'intérêt à un autre enfant, à l'exception de mon frère, je trépignais comme un mari jaloux et possessif. Mon père était obligé de recourir à toutes sortes de ruses et de pressions pour m'éloigner de sa bien-aimée. « Tu n'as pas des devoirs à faire dans ta chambre ? Tu n'as pas d'amis à aller voir ? »

Je bénissais ses longues absences pour le travail, durant lesquelles mon frère et moi avions notre mère pour nous seuls. J'exécrais ses retours, chargés de brimades, d'épuisement et de colère. Depuis ma chambre, je tressaillais lorsque approchait le vrombissement de sa berline, symbole de son statut d'homme important. Le roulement de la porte coulissante du garage confirmait la présence orageuse. Je comptais les secondes qui me séparaient du réquisitoire paternel, de la semonce, tête baissée, nez dans mon assiette, mutique en attendant la fin de la bourrasque. Les « C'est quoi cette note ? On va faire quoi de toi, tu fous rien, c'est quoi ton problème bordel ? » résonnaient dans un silence de mort. Personne n'osait l'ouvrir. Si j'avais eu la force de relever les yeux, j'aurais foudroyé ma mère du regard. Elle m'avait balancée au *pater familias* pour qu'il fasse le sale boulot. Elle prenait, absorbait, soutirait ce qu'il y avait de meilleur – l'amour, les câlins, l'adoration – et cédait à son mari le reste. Lui ne bronchait pas. C'était ainsi même si c'était « bien regrettable ».

Pour tracer ma voie, me détacher d'elle, nourrie par un magma de mépris et de fureur, je suis entrée en éruption. C'en était fini de l'admiration sans bornes. Et parce que je ne la vénérais plus, m'astreignant à être son contraire, elle s'est détournée de moi. À partir de là, les ennuis ont commencé. Invariablement, nos conversations de sourdes se terminaient en hurlements, raccrochages au nez, crises de larmes, portes qui claquent. Peu à peu, j'ai compris sa façon de me voir tout à la fois comme une annexe d'elle-même et une menace.

Comprendre n'empêche pas la souffrance et la culpabilité *over and over and over and over…*

L'autre soir, je découvre un message de sa part plus fébrile que d'ordinaire laissé sur mon répondeur. Je la rappelle pour savoir si tout va bien. Elle me parle d'elle, de sa fatigue, de ses problèmes. Comme souvent, elle ne me demande pas comment je vais. Mais ce soir-là, je ressens le besoin de décharger mon trop-plein. Agacée, je l'interroge :

— Pourquoi tu ne me demandes jamais comment je vais ?

— Oh écoute, tu n'es jamais contente, tu passes ton temps à diaboliser tes parents.

Je m'accroche et lui repose la même question.

— C'est parce que je sais que tu vas bien, lâche-t-elle.

Je suis déchirée par sa réponse mais aussi par mon incapacité à prendre de la hauteur pour éviter les coups. Têtue, je m'acharne à retrouver un amour fusionnel entre une petite fille timide et anxieuse et une mère bringuebalante, un amour en vase clos, d'une étendue que je croyais infinie.

Abattue, et parce qu'on ne sait jamais, je me tourne vers ChatGPT à la recherche d'une explication extérieure, dénuée d'affect : « Peux-tu s'il te plaît (je reste polie même avec les machines) me dire pourquoi ma mère, fille unique, à l'enfance chaotique, ayant connu de nombreux déménagements, des changements incessants d'école, est égocentrique ? »

« Les expériences que votre mère a vécues, notamment les déménagements et les changements d'école, ont pu créer un sentiment d'insécurité et une méfiance envers les autres. L'égocentrisme peut aussi être une conséquence d'un sentiment de vulnérabilité et du besoin de se concentrer sur soi pour se protéger des incertitudes extérieures. Votre mère peut avoir développé des mécanismes d'adaptation pour faire face aux changements fréquents et se préserver émotionnellement. Il est également possible que ces expériences aient entraîné des difficultés à établir des relations interpersonnelles solides et durables en raison d'une incapacité à pleinement comprendre ou à considérer les perspectives des autres. Si vous êtes préoccupée par le comportement égocentrique de votre mère, il peut être utile de chercher l'aide d'un professionnel de la santé mentale qualifié pour explorer ces problèmes plus en profondeur. »

La réponse semble tomber sous le sens. Je progresse le cœur battant vers une question plus douloureuse : « Est-ce que les gens égocentriques peuvent aimer véritablement ? »

« Les personnes égocentriques ont tendance à être davantage centrées sur leurs propres besoins et désirs, ce qui peut entraîner une incapacité à reconnaître les besoins émotionnels des autres et à y répondre adéquatement. Dans certaines situations, une personne égocentrique peut être attirée par l'idée de l'amour, mais cela peut souvent être motivé par le besoin de satisfaction personnelle ou d'approbation plutôt que par un véritable attachement émotionnel. Il est important de reconnaître que les relations avec des personnes égocentriques peuvent être complexes et parfois précaires, car elles peuvent manquer d'empathie et de considération pour les émotions et les besoins des autres. »

Et une dernière, comme une arrière-pensée : « Quel type de personnalité développe la fille d'une mère égocentrique ? »

« Voici quelques traits de personnalité courants que la fille d'une mère très égocentrique pourrait développer :

- faible estime de soi : une mère égocentrique peut dévaloriser les besoins émotionnels de sa fille ;
- besoin excessif d'approbation en raison du manque d'attention et de soutien émotionnel reçu de sa mère ;
- difficulté à établir des limites saines, la mère égocentrique pouvant avoir tendance à ignorer les

limites personnelles. La fille peut également avoir du mal à établir et à maintenir des limites saines dans ses relations personnelles ;
- difficulté à exprimer ses propres besoins et désirs, car elle a appris à les sacrifier au profit des besoins de sa mère.

En quelques minutes à peine, ChatGPT tape en plein dans le mille tandis que moi je nage dans la vase depuis toujours.

Mon grand-père Peter n'aimait pas mon père. Il le disait à tout le monde, sans ménagement. Je ne comprenais pas bien pourquoi. Quand ma mère était petite, Peter la couvrait d'affection. Elle était sa fille unique, à lui, rien qu'à lui.

ChatGPT écrit : « Traiter la fille comme une petite princesse peut rendre la fille moins encline à s'affirmer ou à chercher des relations extérieures, renforçant ainsi le contrôle du parent narcissique. »

Peter aurait détesté n'importe quel amoureux choisi par sa fille.

Quand ma mère a fini son cursus universitaire en Écosse, elle est retournée vivre chez son père à Londres. Entre-temps, Betty l'avait quitté pour Malcolm. Ma mère et mon grand-père ont vécu heureux comme des jeunes mariés. Elle a follement aimé ces années d'insouciance durant les *swinging sixties* chez son père, au meilleur de lui-même, doux, charmant, aux petits soins. « C'était merveilleux, j'étais à nouveau sa petite fille. » Touchant ses premiers salaires, sans nécessité de contribuer aux dépenses d'un ménage, elle menait une vie un peu irréelle. Peter payait pour tout et, homme moderne qu'il était, avait plaisir à prendre soin du foyer : ménage, lessive, courses, cuisine. Le soir, ils sortaient ensemble à des fêtes ou à des dîners. « On s'entendait si bien à cette époque », a souvent regretté ma mère quand elle tournait en bourrique, tentant obsessivement de comprendre la déliquescence de leur relation.

Mon enfant
On n'épouse jamais ses parents
Vous aimez votre père, je comprends
Quelles que soient vos raisons
Quels que soient pour lui vos sentiments[26].

À l'été 1967, ma mère fit la rencontre d'un *autre*, mon père, sur une plage en Espagne. Elle a chaviré pour son regard, ses cheveux noirs emmêlés, sa peau brune perlante de gouttes de mer, son charme de taiseux qui dit tout avec les yeux. Elle a tout de suite perçu chez lui une immense qualité, toute sa vie mise sur un piédestal : la loyauté. Il ne fallait pas trahir, il ne fallait pas manipuler ou mentir à ma mère insécure. Gare à ceux qui tentaient le coup, moi comprise.

Mon père est tombé follement amoureux d'une très belle femme, qui dissimulait une enfant fragile. Auprès de ce type de femmes, longtemps surnommées « femmes-enfants », les hommes sentaient leur virilité s'épanouir. À cette époque, elles avaient la cote : Marilyn Monroe, Jane Birkin, Brigitte Bardot et tant d'autres. Les femmes fortes, se posant en égales des hommes, étaient à bannir, *ces boudins, ces mal baisées, ces frigides, ces sorcières*. Mon père avait tiré le gros lot.

Quand, parfois, j'ai exprimé de la déception de ne pas voir ma mère prendre son envol, elle a toujours fustigé l'époque. *C'était comme ça, qu'est-ce que tu veux que j'y fasse ?*

Je lui en voulais de me faire croire cela. Si c'était vrai, si le contexte dictait nos vies, alors pourquoi se donner la peine ? Quelle place dans ma vie future pour mon libre arbitre, mes désirs ? Je me raccrochais à l'image de ses amies, toutes indépendantes à leur façon, et extravagantes. Ma préférée, Hilaria, était une photographe-reporter américaine pour le quotidien britannique *The Express*, rencontrée à Londres quand ma mère était assistante au bureau londonien de *Paris-Match*. À Noël, elle envoyait toujours une carte d'une de ses photos. Je me souviens d'un cliché amusant de la reine Elizabeth II en train de bâiller. Parfois, entre deux commandes, la grande blonde à la peau diaphane, vêtue comme un homme, séjournait chez nous. Elle restait une nuit puis repartait. J'avais juste le temps d'aller fouiller dans ses affaires pour tenter de percer son mystère. Qui était-elle vraiment ? Je ne l'ai jamais su mais je trouvais miraculeux qu'une femme transpire une telle liberté. Peter, porteur de théories sur tout et tout le monde, assénait qu'elle était agent secret. Dans tous les cas, elle était tout le contraire de ma mère. Pourtant, nos amis ne sont-ils pas le reflet d'une facette de notre âme ?

Depuis Saint-Sauveur, j'envoie quelques chapitres de mon manuscrit à mon amie Eunice. Malgré notre importante différence d'âge – elle a aujourd'hui plus de quatre-vingts ans –, nous sommes très proches. Rencontrée au tournant du millénaire, je l'ai tout de suite aimée pour sa franchise, son intelligence incisive, son amour sans limites de la vie et sa sensibilité à fleur de peau. Elle incarnait un fantasme que je ne m'avouais pas encore : celui d'être une femme écrivant.

Ma mère l'a immédiatement détestée. Je ne me souviens pas de la nature des critiques, mais elle jalousait cette nouvelle relation forte avec une femme de son âge. À tort ou à raison, elle craignait que je veuille la remplacer. Mère moi-même, je comprends cette inquiétude. Lorsque Nino me parle un peu trop fréquemment, et avec des mots trop doux, de la mère d'un ou d'une amie, je sens un petit feu brûler dans mes entrailles. Je ne dis rien et avale ma jalousie malvenue. On ne remplace pas une mère.

Après la lecture de quelques chapitres, Eunice me livre son analyse :

Tu poses tes yeux sur Betty avec amour. Elle prend vie sur la page, avec toutes ses imperfections, et devient véritablement une création réussie. En revanche, j'aurais aimé ressentir la même chose pour ta mère. J'aurais voulu me soucier d'elle, croire en son existence et comprendre qui elle était vraiment. Dans ces pages, on sent de la colère et des reproches, et c'est vrai, aussi des tentatives sincères pour explorer sa psychologie. Il y a d'ailleurs des passages où tu écris sur elle avec sensibilité : son enfance avec Peter et Betty, ou sa relation avec ton père. Mais j'avais besoin de beaucoup plus. La sympathie envers les gens crée une dynamique dans l'écriture. Sans elle, la plupart des lecteurs ne s'intéresseront pas au personnage que tu crées et ne te feront pas confiance en tant que narrateur.

Dans la foulée de son message, je ne dors pas. Je remets en question la totalité de mon manuscrit. Ai-je pris la bonne voie ? Eunice a-t-elle raison ? Dois-je revoir mon texte à l'aune de ses remarques ? J'oscille. Ma mère doit-elle, pour le bien de l'histoire, incarner un personnage à part entière dans ce texte, au même titre que Betty ? Et est-ce tout simplement possible ? Dans un premier temps, je conclus que non. Elle doit rester une figure maternelle un peu abstraite, imprécise, sur laquelle les lecteurs et lectrices auront le pouvoir de projeter leur propre récit.

Quelques jours plus tard, je réponds à Eunice :

Au début, je pensais que ma mère ne ferait que de petites incursions dans mon livre. Puis, au fur et à mesure, sa présence s'est faite plus imposante. La question "doit-elle devenir un personnage avec sa propre réalité ?" s'est alors posée. Mon but n'est pas de créer un personnage attachant que l'on comprend mais plutôt d'analyser la glue dans laquelle se noient de nombreuses femmes, les empêchant d'accéder à une vie plus libre d'injonctions de toutes sortes. Et les mères peuvent constituer une part importante de cette substance.

En dépit de cette conclusion, le sujet continue d'occuper mon esprit. Ma réponse ne me satisfait pas. Car, depuis le début de ce texte, je suis mal à l'aise avec cette voix enragée émanant de la petite fille qui se débat en moi. Je ne veux rien effacer ni changer son ressenti parce que c'est sa vérité. Mais il me semble temps de passer la main à l'adulte, à la voix de la raison, pourvue d'empathie et en mesure de prendre la bonne distance. Comment sinon comprendre mes empêchements ? Dans ces pages, jusqu'ici, ma mère incarne une coupable idéale.

Eunice admet que la tâche est complexe.

Comme tu le sais, les émotions envers ses grands-parents sont infiniment plus claires et nettes qu'envers ses parents.

Elle me propose de me diviser en deux narratrices afin de prendre une distance critique par rapport à moi-même, « c'est-à-dire, comme l'a suggéré Vivian Gornick, "de créer un narrateur qui soit moi et qui, en même temps, ne soit pas moi" ».

Dans un entretien, l'autrice Lola Lafon souligne l'importance dans l'écriture « de garder une distance parce que ça permet d'avoir une vue large sur ce qu'on écrit et de voir tout le tableau [...], ne pas imaginer qu'on a une vérité[27]. »

Cela me paraît pertinent mais ardu. Aveuglée par ce mélange détonant de souffrance et d'amour inconditionnel, je ne me sens pas apte à me dédoubler pour brosser le portrait de ma mère. Je suis comme face à une photo floue, ne percevant nettement qu'un ou deux détails.

Peu après, je retrouve mon ami Michel. Je m'ouvre sur mon dilemme. Il connaît par cœur mes difficultés avec ma mère. À ses yeux, Eunice est dans le vrai. Il lâche : « Ta mère est le personnage le plus énigmatique de ton livre. Qui est-elle ? Et pourquoi agit-elle comme elle le fait ? » J'en suis sûre, éprouver ma mère aura le pouvoir salvateur de libérer la petite fille qui trépigne en moi. Et en lui faisant comprendre qu'elle n'est responsable de rien, peut-être se sentira-t-elle enfin libre de voguer où bon lui semble.

Je vois une lumière se faufiler hors d'un interstice. Je m'approche de la fente sans faire de bruit. J'observe ma famille dans une autre vie, qui n'est pas la mienne. Je demande à la petite fille en moi de se poser sagement et de cesser de sortir de ses gonds jusqu'à la fin du récit. On l'a assez entendue.

Un souvenir d'enfance s'est figé dans mon esprit. Peut-être pour ce qu'il raconte de mon attachement féroce à ma mère, de la crainte de mon père, de la hiérarchie familiale inflexible, de la terrible vulnérabilité derrière le patriarcat. Pour le relater, je convoque une voix extérieure. Pour respirer un peu, sortir de ma fougue. Pour comprendre.

Été 1982, dans le huis clos familial d'une Renault 14 bordeaux traçant de la banlieue parisienne vers Nice. Destination : le village du Broc.

À son bord, le père, la mère, Julien, onze ans, et Muriel, neuf ans. Il fait une chaleur abominable dans la voiture. C'est le chaos sur la banquette arrière. Muriel est installée derrière la mère et Julien derrière le père. Les places sont attitrées. Gare à ceux qui voudraient changer l'ordre. À plusieurs reprises, la mère ordonne aux enfants de cesser leurs chamailleries. Le père, au volant depuis plusieurs heures déjà, sent sa patience atteindre ses limites. Impérieux, il prévient. « Ça va barder si vous n'arrêtez pas tout de suite. » Une fois, deux fois, à la troisième, « vous allez entendre parler de moi », avertit-il en fixant les enfants de ses gros yeux dans le rétroviseur. Les petits, d'ordinaire prompts à réagir quand la menace vient du père, sont trop engouffrés dans leur dispute. Il réitère sa sommation. Tout en gardant les yeux sur la route, une main sur le volant, il cherche avec l'autre à attraper un enfant. Difficile de saisir Julien, inaccessible derrière lui. Muriel, en revanche, est à sa portée. Alors que la petite fille est recroquevillée contre la banquette, la main, immense et belle, l'approche à chaque essai un peu plus. « Vous voulez vraiment mourir d'un accident de voiture ? C'est ça que vous voulez ? » hurle-t-il. Il tend son bras encore et réussit à administrer une claque sur la jambe de la fillette, qui se met à pleurer, pas trop fort, pour éviter une seconde volée.

La femme susurre : « Calme toi, c'est dangereux. » Tout le monde finit par se taire, chacun renfrogné dans sa vérité, rapatrié contre sa portière. Les larmes finissent par sécher sur les joues. Les enfants savent qu'ils n'ont pas intérêt à casser le silence. Ils regardent par la fenêtre, lisent leurs livres, s'ennuient.

Muriel se met à fixer le miroir du pare-soleil abaissé face à sa mère jusqu'à ce que celle-ci la remarque. Son jeu préféré. Elle compte les secondes. La femme finit par lever son regard vers le miroir. Quand elle aperçoit les petits yeux verts de sa fillette, son visage fermé reprend vie. Elle n'est pas fâchée. L'enfant rougit, baisse les paupières, avant de les relever aussitôt de peur de perdre l'attention de sa mère. Muriel chuchote : « T'es la plus belle, Maman. » Le sourire de la femme s'agrandit, faisant presque disparaître le reste de son visage. La petite s'approche du siège avant. Elle faufile sa main à droite de l'appui-tête pour caresser les cheveux. La femme saisit ses doigts pour les embrasser. Elles restent comme ça, toutes les deux, main dans la main, jusqu'à ce que des picotements se fassent sentir dans leurs bras. On ne peut pas rester ainsi pour toujours, alors, à contrecœur, elles finissent par se détacher.

Dans la quiétude de l'habitacle, la femme regarde le paysage défiler. D'abord elle pense à Muriel. Elle s'inquiète. L'année scolaire dans le nouvel établissement s'est très mal terminée. Avant le déménagement, ça n'allait déjà pas fort mais l'enfant bénéficiait d'un instituteur bienveillant. Dans la nouvelle école, sous la coupe de l'effroyable M. Bellemère, les choses se sont aggravées. La petite avait beau avoir appris par cœur ses leçons, elle les avait complètement oubliées le lendemain. Elle alignait les zéros, comme certains collectionnent des œufs décoratifs, avec à la clef l'annonce tonitruante d'un redoublement. Rien ni personne ne semblait être en mesure de ralentir sa chute. Ni les réprimandes, ni les carottes, ni la douceur. Elle avait eu hâte de toucher le fond, de s'écraser au sol, d'en finir une bonne fois pour toutes. Le père, cancre repenti, s'interroge secrètement sur la possible hérédité de sa tare. Il a honte d'avoir une fille si nulle à l'école. La chimère de l'enfant modèle s'éloigne tous les jours un peu plus. Que faire d'une petite fille défectueuse, ni intelligente, ni belle, avec sa grosse tignasse et ses dents de lapin ? Le soir où la sentence est tombée, le père n'a pas lésiné sur ses mots : *tu es complètement débile ou quoi, pourquoi tu fous rien, tu vas devenir femme de ménage.*

L'enfant a fui dans sa chambre pour fondre en larmes sur son lit. Elle ne comprenait pas ses mauvais résultats, ses pertes inexpliquées de mémoire, sa confusion, sa difficulté à se concentrer. Elle ne voyait pas en quoi un redoublement l'aiderait. Elle redoublait déjà d'efforts mais ça ne payait pas. Son père avait raison. Elle était bête.

Ce soir-là, la mère a rejoint sa fille dans sa chambre. Elle l'a enlacée toute la nuit. Le lendemain, elle a proposé à son mari que leur fille consulte une psychologue. « Une psychologue ? a-t-il répété en riant comme si la suggestion était aberrante. Qu'est-ce qu'une psychologue va pouvoir faire pour régler les problèmes scolaires de ma fille ? Il faut qu'elle se mette à travailler, c'est tout. » Malgré la résistance de son mari, la mère, guerrière quand la cause l'obsède, compte tout de même prendre rendez-vous à la rentrée. Il faut que sa fille reprenne confiance en elle, pense-t-elle, et comprendre l'origine de ce mal.

Elle note aussi de contacter l'hôpital Robert-Debré, où la petite est suivie pour sa maladie. Elle espère que les prochains examens révéleront une amélioration de son état, que les doses prescrites de Dépakine et de Tégrétol sont adéquates pour tenir à distance les crises. Dès qu'ils ont su pour l'épilepsie, deux ans plus tôt, l'homme et la femme se sont mis d'accord pour ne rien dire à personne, et surtout pas à la première concernée. Même si on ne brûlait plus les épileptiques, ils redoutaient la méchanceté, l'exclusion. Une question traverse l'esprit de la mère : les médicaments pourraient-ils être la cause des mauvais résultats scolaires de sa fille ? Elle rejette aussitôt l'hypothèse, les médecins n'ayant pas évoqué d'effets secondaires susceptibles de perturber son apprentissage.

À mesure que le voyage progresse vers sa destination finale, la femme sent poindre dans le chaos de ses pensées une autre appréhension. Le soleil, à présent plus bas, l'éblouit. Elle ferme les yeux derrière ses lunettes de soleil. Des scènes de disputes avec son père, si intransigeant avec son couple, si dur avec son mari, font irruption. Toujours à critiquer sa carrière, à lui prodiguer des conseils, à lui dire qu'il devrait partir travailler à l'étranger, de préférence dans un pays anglo-saxon, s'il veut progresser. Tel un disque rayé, il répète que la France est un pays de paresseux, de fonctionnaires, qu'on y est fracassé par l'impôt. Elle sait sa chance : son mari n'entre pas dans son jeu, évitant ainsi l'accident diplomatique tant convoité par Peter. Il laisse le torrent de provocations couler sur lui, Peter cogner dans le vide. Dans ces moments-là, Betty, déjà très menue, disparaît presque complètement. Un peu comme une ado, elle lève les yeux au ciel mais n'intervient pas. Au pensionnat, elle a pris le pli de se dissocier quand la colère des institutrices se faisait trop explosive.

Parfois, la femme tente des contre-offensives, sans succès. *Stop it now, Daddy !* ordonne-t-elle avec fébrilité. Mais Peter se fiche de son ressenti. Son but est de dominer et d'avoir le dernier mot. Capable d'une grande tendresse et de générosité, il se transforme en monstre impitoyable quand la colère ou la jalousie le submergent.

La femme ne veut pas revivre de telles scènes. Elle prie pour que son père se comporte bien cette fois-ci.

Il devrait être heureux, son gendre vient d'être promu. Elle voudrait lui dire que, s'il persiste, elle cessera de le voir. Mais elle en est incapable. Et pour lui plaire de nouveau, il faudrait qu'elle quitte son mari et s'engage dans une carrière de femme libre. Il en est hors de question. Que ferait-elle ? De toute façon, elle ne croit pas être à la hauteur. Malgré plusieurs diplômes, dont un de traductrice, elle est très loin de pouvoir vivre de ses compétences. Elle passe un temps fou dans le dictionnaire, hésite, reprend, et finit par rendre ses traductions à l'agence avec beaucoup de retard. Elle réfléchit déjà à tout arrêter et à passer à autre chose. Elle ne sait pas quoi. Ça l'épuise. L'année dernière, elle a tenu un mois dans un poste de secrétaire bilingue à Paris. Non seulement les tâches l'assommaient mais après le travail, les transports, il fallait s'occuper des enfants, des devoirs, des courses et de la cuisine. Elle a dit stop.

Son mari ne s'occupe de rien à la maison. Sauf des courses, s'il considère que sa femme a trop dépensé ce mois-ci. Dans ce cas, l'ingénieur chimiste passe au Leclerc, à proximité de son usine, et rentre avec, sous le bras, d'énormes barquettes de côtes de porc en promotion, des imitations de produits en tout genre, moins chers et moins bons. Elle se sent humiliée mais n'en rajoute pas. Elle dit seulement sur un ton abattu : « Tu exagères quand même… »

La femme exècre les tâches quotidiennes du foyer. A-t-elle le choix ? Alors, prendre en plus un boulot *rasoir*, non merci. Elle préfère rester seule chez elle, à rêver. C'est sa manière de se rebiffer. Le matin, elle prend plaisir à se prélasser, à sentir le temps couler sur elle le plus lentement possible, à boire des tasses de thé, à fumer des cigarettes, à écouter la radio, à se savonner, s'épiler, se maquiller. La solitude, cette vieille amie, sans doute sa seule et véritable. À ses côtés, elle peut tout dire, tout faire, tout penser sans se sentir jugée.

Elle ouvre les yeux, puis les referme. Hormis le ronronnement de la voiture, le silence règne dans l'habitacle. Elle observe son mari, enfoncé dans ses pensées, regard rivé sur la route, un bout de cigarillo éteint pendu aux lèvres. Il met sa main sur sa cuisse et la regarde. Ils se sourient, l'air entendu de ceux qui s'aiment. Elle se tourne vers les enfants assagis puis pose de nouveau ses yeux sur son mari. Soudain, un crissement aigu de pneus l'extirpe de ses songes. Devant la Renault 14, une Mercedes grise a braqué trop vite et slalome entre les voies. « Ralentis », ordonne la femme. La Mercedes finit par se stabiliser. Il en profite pour la doubler. « Il conduit n'importe comment, celui-là », peste-t-il.

La femme s'inquiète. Ils n'ont pas fait de pause depuis plusieurs heures et elle note chez son mari des signes de fatigue. Il se met à bâiller de façon incontrôlée, faisant dire à sa femme qu'il est temps de s'arrêter à la prochaine aire. « Je vais prendre le volant », affirme-t-elle, étonnée de son effronterie.

Pour une raison qui ne lui ressemble pas, l'homme cède à la demande fantasque de sa femme. Elle ne s'attendait pas à ce brusque revirement, son mari ne la laissant jamais conduire, même quand ils utilisent sa voiture à elle. La femme s'était habituée à cet état de fait. Les règles étaient claires et cela n'était pas pour lui déplaire. D'un coup, sa salive devient acide. Non seulement elle n'a jamais conduit cette automobile, mais elle angoisse de rouler avec son mari à ses côtés.

Sur le parking, les enfants se déplient, courent un peu, vont aux toilettes, ignorant que se joue là une scène dont l'issue pourrait s'avérer déterminante pour l'avenir des membres de la famille. À leur retour, leur mère est installée sur le siège conducteur. Consciencieusement, elle réajuste les rétroviseurs.

Fière de voir sa mère prendre les commandes, la petite fille sent son cœur s'emballer. D'un coup, une grande porte s'ouvre sur une nouvelle vie, tout devient possible.

La femme règle une fois de plus son siège, puis démarre. En actionnant la marche arrière, elle se retourne pour vérifier sa trajectoire. Son mari s'agrippe à la poignée de maintien, au-dessus de la fenêtre. Dans le miroir du pare-soleil, Muriel aperçoit, pour la première fois, la vulnérabilité de son père, complètement affolé. Cet homme d'ordinaire si maître de lui s'étiole parce que sa femme tient les manettes. Virilité fragile. Macho aux pieds d'argile. Muriel aimerait que sa mère tienne bon, qu'elle ne se laisse pas intimider par les simagrées du mari. Mais il en fait des caisses. Il ne peut se défaire de l'idée que la femme, passive et dépendante, se laisse conduire, la position inverse suggérant une forme de déviance.

Alors que la femme s'efforce tant bien que mal de se concentrer sur la route, son mari commence à se plaindre de maux de ventre, de nausées. Il l'implore de s'arrêter en urgence. Il craint une crise cardiaque. Après tout, ce ne serait pas étonnant : il va bientôt fêter ses quarante ans, il est fort, ne fait pas de sport. Les nuits d'insomnie, il quitte son lit pour se réfugier dans la cuisine, où il tente d'apaiser ses angoisses avec des tablettes de chocolat et du saucisson.

Elle garde le cap. De toute façon, il n'y a ni aire de repos ni station-service à l'horizon. Saisi de tremblements, il gémit, *Je vais mal, je vais mourir, Amène-moi à l'hôpital s'il te plaît, vite.* Sous les yeux médusés de ses enfants, il finit par s'écrouler. Mi-amusée mi-pétrifiée par la réaction de son mari, elle prend la prochaine sortie. Elle ne sait pas où elle va, ne connaît pas la ville, se contentant de suivre le panneau « Hôpital ».

Aux urgences, les médecins sont catégoriques. Il s'agit d'une crise de panique. Il lui aura suffi de perdre le contrôle quelques minutes à peine pour être mis à terre. Qu'est-ce qui lui a pris d'accepter la proposition de sa femme ? Quelle folie de bouleverser le *statu quo*, d'ébranler l'équilibre précaire de la barque familiale. Les rôles des hommes et des femmes ne sont pas interchangeables. Les hommes sont faits pour dominer, décider, contrôler, et les femmes pour se conformer, être belles et sourire. C'est bien la dernière fois que le mari passe le volant à sa femme, la preuve, s'il en fallait une, qu'il ne faut jamais leur céder le pouvoir.

Ça sera aujourd'hui, je me le suis juré. La journée à Saint-Sauveur est splendide, l'air limpide, le ciel dégagé et la température ni trop chaude ni trop froide. Les feuilles des arbres jaillissent vers la lumière. Je me délecte à l'idée de me rouler dans cet océan de verdure. Je veux vivre ces lieux le plus intensément possible et je veux les vivre seule. Durant ces longs mois de confinement, nous avons perdu la joie que procure cette solitude partagée si chère aux citadins, cet anonymat autorisant, depuis les terrasses des cafés, à se gaver des autres sans en avoir l'air : espionner les conversations privées, admirer des silhouettes furtives.

Pourtant, quelque chose me retient de m'abandonner à ce bonheur irréel. Je me vois repousser le moment de sortir. Je m'occupe d'autres besognes. Je passe un appel pour le travail, je me rends au supermarché, je lis un livre ou j'astique une cuisine déjà propre. Je reste dans ma zone bien délimitée : la maison, son jardin-de-derrière emmuré, le village, ses commerces. Face à ma sottise entêtante, je me donne un horaire couperet. À quatorze heures tapantes, je dois être sortie, un point c'est tout.

Je tente de cerner le territoire et imagine plusieurs chemins possibles. Il y a ces bois que la petite Colette arpentait, de préférence seule. Elle en connaissait chaque recoin. Ces bois, si familiers, comme une extension d'elle-même. La campagne, cette campagne-ci, m'est encore étrangère même si Ed et moi avons déjà parcouru le bien nommé chemin Colette qui traverse bois et prairies, et la petite route menant au village voisin de Moutiers. Je ne reconnais dans ma chair ni les sons, ni les odeurs, ni les couleurs, ni même la géographie de cet assemblage de forêts, de pâturages, de lacs. Je ne sais pas quel chemin emprunter pour écourter ou allonger une promenade, où il est facile de courir et où il ne l'est pas, et les lieux où le signal de mon téléphone portable passe.

Et surtout, je dois bien l'admettre, j'ai la trouille. Colette m'aurait méprisée comme elle dédaignait ses petites camarades. « Ces petites grandes filles m'agacent, ça a peur de se déchirer aux ronces, ça a peur des petites bêtes, des chenilles velues et des araignées des bruyères, si jolies, rondes et roses comme des perles, ça crie, c'est fatigué – insupportables enfin[28]. »

Je suis d'accord. Cette peur est ridicule. Je me dois de la surmonter car elle me barre le chemin de la liberté.

À quoi bon avoir une maison nichée dans toute cette réjouissance si je ne puis en profiter, seule ? Je tente en vain de me rassurer en me disant qu'il doit être normal pour une citadine d'être effrayée. Pourtant, je ne crains pas les araignées, les ronces, ni même la fatigue. Non, c'est la folie meurtrière des hommes qui m'épouvante, pas autre chose. Un passage du roman *Fille* de Camille Laurens me transperce par sa justesse. Elle explique : « Les femmes ont peur, c'est tout[29]. » Elles ont tellement intériorisé le danger que certaines n'en ont pas conscience, qu'une femme menacée est un pléonasme.

À Paris, je peux marcher autant que je le souhaite dans n'importe quel quartier. Si je ne me sens plus en sécurité, ce qui arrive rarement, j'ai la possibilité de me réfugier dans un café, un restaurant, une laverie, un cinéma. Je peux aussi hurler. Et même si la rue est vide, mon agresseur prendra peur.

Étudiante, j'habitais une chambre de bonne au fond d'un passage dans l'interminable rue du Rendez-Vous, dans le douzième arrondissement. La proximité avec le cours de Vincennes, à l'époque très fréquenté par des prostituées, attirait une faune de détraqués. Irrémédiablement, les hommes qui n'avaient pas les moyens de s'offrir leurs services, ou n'osaient sauter le pas, s'en prenaient aux autres femmes.

Un jour, ou plutôt une nuit, vers une heure du matin,

je descendais la rue sombre et muette, l'esprit occupé par mille choses. Subitement, une ombre blottie dans une porte cochère a bondi vers moi, un long couteau rutilant à la main, pantalon baissé, le sexe protubérant. Lorsque l'ombre encapuchonnée a agité l'objet pointu dans ma direction, j'étais comme figée. Après quelques instants, un instinct de survie m'a fait pousser un cri que jamais je n'aurais cru possible. Un cri d'animal destiné à faire fuir mon agresseur et à alerter jusqu'à l'autre bout de Paris. L'ombre, entortillée dans son jean, tenta de s'avancer vers moi mais manqua de tomber. Je profitai de cet instant pour prendre mes jambes à mon cou. Plutôt que d'attiser mon appréhension de sortir seule le soir, cet épisode me donna de la force car j'apprenais : certains hommes étaient fous mais j'avais des ressources insoupçonnées.

Simone de Beauvoir a constamment combattu ce sentiment de peur en allant se frotter au plus près du danger, que ce soit au cours de ses interminables randonnées ou de ses excursions dans les quartiers les plus chauds de la capitale. Plus elle touchait du doigt le danger, plus elle apprenait à reconnaître sa force. C'est ainsi qu'elle cherchait à dompter cette terreur ancrée en chacune d'entre nous. Elle, l'intellectuelle qui n'avait pas brillé dans les classes de sport au Cours Desir, découvrait la puissance ignorée de son corps. Il n'était pas destiné à être beau et à plaire aux hommes, il existait pour la servir, elle, dans ses désirs les plus fiévreux et faire reculer les limites du possible. Ces équipées traduisaient, non pas simplement l'amour de la nature, mais sa volonté de se passer des hommes en prouvant que son corps était à la hauteur.

D'après Annabel Abbs[30], Simone de Beauvoir n'a jamais été agressée par un homme durant ses expéditions. En revanche, à deux reprises, elle fut attaquée en faisant de l'auto-stop. Une fois, elle dut se débattre contre un gros camionneur qui lui colla une trempe et la jeta dans un fossé plein de gravier. Une autre fois, elle fut prise en stop par un commis voyageur qui la laissa en plan au milieu d'une route après son refus d'aller faire un petit tour avec lui dans les sous-bois.

Adolescente, je faisais souvent du stop pour me rendre à mon lycée situé dans une ville voisine, à sept kilomètres de chez mes parents. Sept kilomètres d'un sinistre no man's land coupé en deux par une route droite et tranchante comme une lame de rasoir. D'un côté, une décharge à ciel ouvert qui faisait empester l'habitacle le temps du trajet et, de l'autre, des terrains vagues, où quelques céréales peinaient à pousser tels des cheveux épars sur un crâne dégarni. À mi-chemin de cette route effrayante, des caravanes décrépites.

Un jour, un homme gros et luisant m'a ouvert la portière passager de sa toute petite voiture. Les cours avaient fini plus tôt et je n'avais pas la patience d'attendre le car de dix-sept heures.

— Tu as quel âge ?

— Dix-sept ans, monsieur.

— Je te plais ?

— Non.

L'homme a brusquement freiné et m'a poussée hors de sa voiture. Plantée au beau milieu de nulle part, je n'ai eu d'autre choix que de tendre à nouveau mon pouce. Une autre fois, un père de famille, un voisin qui plus est, n'a pas attendu d'avoir quitté notre petite ville pour plaquer sa main sur le haut de ma cuisse. Je lui ai ordonné de s'arrêter et j'ai aussitôt déserté le véhicule.

— Espèce de salope, m'a-t-il lancé.

En dépit de ces expériences, je ne songeais pas à me sevrer de cette fâcheuse manie. Et la facilité avec laquelle je persuadais les automobilistes de s'arrêter me donnait l'impression d'avoir des superpouvoirs.

Me frotter au danger révélait ma force de caractère. Pourtant, quelques années plus tard, ce que j'avais cru un temps être du courage ne me parut bientôt que de la stupidité. Rien que d'y penser, je transpirais. Cette effronterie révélait mon manque d'expérience et la naïveté de croire que rien de mal ne pouvait m'arriver. Comme l'écrivait Simone de Beauvoir : « D'ailleurs, certaines choses – un accident, une maladie grave, un viol – ne pouvaient simplement pas m'arriver à moi[31]. »

Et me voici, trente ans plus tard, terrorisée à l'idée de sortir seule dans la campagne enchantée de Saint-Sauveur. Je me sens vulnérable. Aussi absurde que cela puisse paraître, j'imagine, la gorge nouée et la bouche pâteuse, mon corps sans vie étendu au bord d'une route ou sur un sentier. Des titres aux actualités : « Vers dix-huit heures, mardi 14 juin, la gendarmerie a lancé un appel à témoins suite à la disparition jugée *inquiétante* d'une femme de 47 ans, domiciliée à Saint-Sauveur. Cette mère de famille [je hais ce qualificatif] a été aperçue seule lundi après-midi quittant son domicile à pied. »

Pour m'enhardir, je tente d'invoquer le souvenir de mes escapades enfantines lors de mes séjours brocois, le village méridional de mes grands-parents surplombant la montagne. Aucune trace de balade en solitaire, ou avec Betty, ne se fait pourtant jour dans ma mémoire. Nous ne nous promenions jamais seules hors du village. Nous ne nous rendions pas non plus vers d'autres contrées, ma grand-mère ne sachant pas conduire. Notre sortie quotidienne consistait, la nuit tombée, à quitter le village pour rejoindre la décharge publique. En chemin, Betty, la main agrippée sur ses sacs Carrefour débordant d'ordures, s'arrêtait plusieurs fois pour saluer ses connaissances et amis. J'irai même jusqu'à dire qu'elle s'habillait et se maquillait pour cette occasion, où les villageois aimaient à se retrouver autour de la béance d'un grillage à flanc de montagne, les uns et les autres s'enorgueillissant d'avoir lancé leurs sacs plus loin que les autres sur le tas d'immondices.

Quatorze heures ont sonné. Je suis tremblante mais je n'ai plus le choix. Il est temps de sortir. Je décide d'emprunter la petite route de Moutiers, plus raisonnable pour une première sortie et où je peux espérer voir des voitures passer de temps à autre. Je glisse dans mon sac un ouvrage de Colette dans l'espoir de trouver un coin tranquille où je pourrais m'abandonner à la lecture, une bouteille d'eau, deux carrés de chocolat noir, et mon téléphone portable en cas d'urgence. D'après mes calculs, la balade ne devrait pas durer plus d'une heure mais j'ai l'impression de me lancer dans une véritable expédition.

Je respire un grand coup et préviens Ed, rentré à Paris pour le travail, que je sors me promener (au cas où je ne reviendrais pas). Je ferme la vieille porte en bois à double tour.

Je suis fière d'honorer ma promesse.

Cette première promenade en solitaire ouvrira, j'en suis certaine, sur une immensité, un horizon jusque-là fermé à moi, de nouvelles idées créatives, des perspectives insoupçonnées, et suscitera une flopée d'émotions. « Seules les pensées qu'on a en marchant valent quelque chose[32] », nous dit Nietzsche. Il estime que marcher libère la conscience et méprise ceux, comme Gustave Flaubert, qui croient qu'on ne peut penser et écrire qu'assis. « Nous ne savons ce que peut un corps, de quelle activité il est capable et c'est pourquoi il faut sans cesse libérer sa puissance en le déchaînant de ses entraves. L'activité du corps est, au point de vue intellectuel, supérieure à notre conscience, à notre esprit, à nos façons conscientes de penser[33]. »

Tant d'autres philosophes, écrivains, musiciens, mathématiciens ont marché seuls pour penser. Dans son œuvre ultime, *Rêveries du promeneur solitaire*, Jean-Jacques Rousseau explique que le meilleur moyen de décrire l'état de son âme est de tenir un registre fidèle de ses promenades, lorsqu'il laisse sa tête entièrement libre, et ses « idées suivre leur pente sans résistance et sans gêne ». « Ces heures de solitude et de méditation sont les seules de la journée où je sois pleinement moi, et à moi[34]. » La nature, les forêts, les prairies, les ruisseaux ont-ils le pouvoir de révéler notre inconscient, tels des psychanalystes ? Si Rousseau, Nietzsche et les autres ont raison, alors ne devrions-nous pas tous quitter la ville et marcher une fois par jour dans la nature pour mieux nous comprendre ?

Une fois engagée sur la route de Moutiers, passé les dernières maisons du village, les jardins potagers et la station d'épuration, je sens monter en moi une audace sur le point de se muer en bonheur explosif. Tout est source d'admiration. Au milieu de l'étroite route goudronnée, s'offre à moi un spectacle chlorophylle. Une armée de peupliers immenses, dignes, dont le singulier frémissement des feuilles évoque, à la manière de certains films, des troubles à venir. En contrebas, derrière le boqueteau, parvient le ruissellement du Loing, dont la source se trouve à quelques kilomètres de là.

Pour la première fois de ma vie, je peux m'arrêter aussi longtemps que bon me semble devant la majesté d'un arbre, l'incongruité d'une pierre, la joliesse d'un bourgeon tout juste éclos. J'envie les hommes qui ne s'empêchent rien. J'ai du mal à me résoudre à l'idée que, durant les quarante-sept dernières années, je me suis soustraite à ce souffle de liberté, à ce sentiment d'appartenance avec la nature. À deux, nous nous calons sur le rythme de l'autre, nous parlons, nous rions. Nous partageons nos silences cadencés par nos pas. Trop ancrés dans la parole et les idées, nous sommes comme hermétiques à notre environnement.

Je me sens bête. Tous ces obstacles que nous, les femmes, érigeons dans nos vies. Trop souvent ce ne sont pas nos désirs qui nous guident mais nos peurs, imbriquées en nous dès la petite enfance. Cela commence par le loup qui va nous manger, notre belle-mère, jalouse, qui va nous tuer, l'ogre qui va nous croquer, notre père qui va nous épouser. Et nous, petites princesses impuissantes, comment pourrions-nous résister ? Nous ne saurions pas nous battre car nous n'aurions pas appris à identifier nos forces. Notre violence est tapie trop profondément pour nous être utile. Au mieux, nous nous prendrions les pieds dans notre robe trop longue. C'est écrit, notre salut viendra du prince, beau, fort et vaillant. Nous sommes vouées à n'être que de jolies choses vulnérables. Sans un homme à nos côtés, nous sommes foutues.

Pourtant, me voici seule. Ma peur s'est évanouie. Engouffrée dans l'immensité de ces sentiments neufs, je ne suis plus qu'un animal qui hume, observe, écoute et ressent. Légère et bondissante, je me réjouis d'expérimenter pour la première fois l'extase si banale d'une promenade en pleine nature. Tout reste donc à vivre. L'inconsolable écrivain Jean Carrière, qui pleurait la perte de son paradis d'enfance et vivait derrière des volets clos, a un jour dit : « Tout n'existe qu'une seule fois, la première. Tout y est brûlé par l'émerveillement que j'ai connu, avant mes dix-sept ans. Depuis, c'est l'enfer[35]. »

Malgré l'ivresse, je reste prudemment sur la route. Il est trop tôt pour m'encanailler. Je prends des photos de tout ce que je vois, pour ne jamais oublier ce ravissement. L'arbre me fascine plus que tout : la solidité du tronc, la fragilité de l'écorce, le léger froissement des feuilles, la magie des ombres mouvantes, le craquement des branches, le mystère de sa vie et de son âge. Georges Perec a écrit : « Il te semble que tu pourrais passer ta vie devant un arbre sans l'épuiser, sans le comprendre, parce que tu n'as rien à comprendre, seulement à regarder[36]. »

À mi-chemin entre Saint-Sauveur et Moutiers, je prends conscience de l'absence totale de voitures. Une petite voix intérieure ne peut s'en empêcher : *Aïe, il ne faudrait pas que tu aies un problème.* Par réflexe, je me retourne pour voir si d'autres promeneurs ont eu la brillante idée de profiter de ce bel après-midi de juin. Au loin, j'aperçois un homme à l'allure étrange. Il ne semble pas avoir atteint la soixantaine, pourtant, il est déjà voûté comme un homme de quatre-vingts ans. Il marche d'un pas rapide et déterminé, ses bras se balancent de façon exagérée le long de son corps. Ses cheveux gris hirsutes dépassent d'une casquette. Quelque chose cloche. L'angoisse, qui n'était pas bien loin, m'assaille : « Comment pouvais-tu te croire libre de gambader ainsi ? Bien sûr que c'est dangereux la pleine campagne, idiote ! » Que faire à présent ?

Inspirer profondément, ne pas changer ma démarche, ne pas donner l'impression d'avoir peur. Au bout de quelques minutes à peine, l'homme-épouvantail m'a presque rattrapée. Une dizaine de mètres nous séparent. J'entends son souffle haletant, ses pas tapageurs qui implacablement se rapprochent. Ne pas se retourner. Surtout ne pas se retourner. Faire comme si de rien n'était. Me répéter en boucle que rien ne peut m'arriver, que je nage en plein délire, que ce sont mes démons qui m'ont rattrapée, pas l'homme. Je dois me calmer, il n'y a pas lieu de paniquer. Afin de m'assurer qu'il est simplement pressé et qu'il ne me veut aucun mal, je décide de ralentir le pas. L'homme-épouvantail est désormais juste derrière moi. Pourtant, il ne me double pas, il s'est calé sur ma cadence. Je me maudis de ne pas avoir chaussé une paire de baskets pour courir le plus vite possible, au cas où.

J'ai relu le journal intime de mon enfance, un épais carnet cartonné assorti d'un cadenas. J'aimais Christophe. J'avais des listes changeantes d'amis et d'ennemis, entourées de cœurs, d'étoiles et d'autocollants. Certains noms étaient barrés avec acharnement. J'y raconte ma fierté de voir ma mère reprendre un travail et ma déception quand elle démissionne moins d'un mois plus tard. Les pages arc-en-ciel abritent également une histoire des plus sombres, écrite à l'encre violette vers l'âge de dix ans. Il s'agit d'une femme qui, la nuit tombée, marche seule dans la rue pour rentrer chez elle. Elle est terrifiée car, dans sa petite ville, un meurtrier a déjà fait plusieurs victimes. Les habitants sont confinés chez eux. Mais elle n'a pas le choix car elle doit travailler et ne possède pas de voiture. Soudain, elle entend des pas inquiétants résonner derrière elle. Épouvantée, elle se réfugie dans un cabanon au bord de la route. Elle est sûre d'avoir affaire au tueur. Alors qu'elle attend immobile dans l'abri, elle remarque une hache posée sur une étagère. Elle s'en saisit, l'agrippe, et lorsque l'homme passe, elle se jette sur lui et l'attaque avec une telle violence qu'elle le tue. C'était donc elle la tueuse… Sa peur lui faisait commettre les pires crimes.

Je suis intriguée d'avoir pu écrire une telle histoire si jeune. Comment se pouvait-il que je sois travaillée par des thèmes si sordides ? Avais-je déjà conscience des dangers qui guettaient les femmes ? Est-il possible que j'aie trouvé cela excitant ? Étais-je fascinée par la revanche du sexe féminin sur le sexe masculin ? Avais-je envie de tuer mon père ? Ou bien étais-je simplement influencée, et traumatisée, par la série télévisée « Alfred Hitchcock présente », dont chaque épisode en noir et blanc déroulait une histoire glauque aux rebondissements glaçants tous les vendredis soir à la télévision ?

L'homme ne me dépasse pas. Il continue de marcher dans mes pas. Je dois agir. Comme lors d'une course-poursuite, je décide de passer à la vitesse supérieure. Je prends mon élan et me mets à marcher à vive allure comme si un rendez-vous urgent m'attendait, ou plutôt comme si ma vie en dépendait. Je pense à ma belle-mère et sa marche athlétique, discipline sportive où les adeptes ne doivent jamais courir.

Au loin, j'aperçois enfin les toits de Moutiers, le clocher de son église fondée au Xe siècle, partie d'un monastère du VIIIe siècle. J'accélère encore. Essoufflée et en nage, j'arrive en un seul morceau dans le petit village quasi vide. Seul un homme trimballe du matériel de construction entre une petite remorque et une grange. Sur ma gauche, une pelouse adjacente à l'église où trône une table de pique-nique. J'enjambe le banc en bois attaché à la table et m'installe. Tremblante, je sors mon livre et planque mon visage derrière ses pages. Abritée par la silhouette de Colette, je me sens moins vulnérable.

L'homme-épouvantail, qui vient tout juste de débouler dans le village, ne semble pas m'avoir vue. Sans doute est-il le fou du village, celui que les habitants connaissent mais ne craignent pas. Enfant, au Broc, le fou du village se nommait Gérard. Il nous terrifiait. Nous avions entendu des histoires atroces à son sujet. Qu'il aurait étranglé des enfants. À sa vue, je courais le plus vite possible dans la direction opposée pour l'éviter, le cœur au bord de l'explosion. Le plus souvent, il se posait avec son père et d'autres anciens sur un banc en pierre face à la pizzeria. D'autres fois, on le trouvait seul, assis sur les marches d'une maison, à proximité de la ruelle où vivait ma grand-mère. Avec sa grosse bouche, il tirait furieusement sur son morceau de bois comme s'il fumait un cigare. Si je n'avais d'autre choix que de passer devant lui pour rentrer chez Betty, il s'excitait en tapant ses mains sur ses cuisses pour m'attirer sur ses genoux.

L'homme-épouvantail s'immobilise au milieu de la route. Je tente de me convaincre, derrière mon livre, que je ne suis qu'une simple spectatrice. Soudain, il se retourne et me voit. Il écarquille ses yeux qui rapetissent aussitôt sous le poids de ses épais sourcils froncés. Le cou arqué vers l'avant, les bras faisant de grands mouvements de balancier, les poings serrés, il se rue vers moi. C'est la fin. Il va m'attraper et m'étrangler. Il n'y a pas d'autre issue. Mon corps sera retrouvé ici, gisant à proximité de cette table de pique-nique. Personne ne comprendra. Pourquoi elle ? Pourquoi ici ? Quel mobile ? Je ne tente ni de m'enfuir ni de crier. Je continue de faire semblant de lire. Alors que l'homme n'est plus qu'à quelques mètres, dans une dernière tentative d'autodéfense, je lève mon visage vers lui et l'interroge avec fermeté : « Puis-je vous aider ? » Je ne sais d'où sort cette idée saugrenue. Il s'arrête net dans sa course et répond en hurlant de toutes ses forces : « Personne ne peut rien pour moi ! Personne, vous m'entendez ? » Aussitôt dit, le fou repart dans l'autre direction et se volatilise. Affolée, je plonge de nouveau mes yeux dans le livre de Colette et me rends compte que je le tiens à l'envers.

Ce soir-là, je retrouve des voisins au restaurant. Je leur conte mon histoire sur le ton de l'autodérision. Je mime les mouvements de l'homme-épouvantail, me moque de ma terreur enfantine, certaine qu'ils vont me trouver ridicule. La première réaction d'Emmanuelle est de dire : « Mais pourquoi tu ne m'as pas appelée ? Je serais venue te chercher tout de suite ! » Mon expression d'étonnement suscite un : « Ben oui, on n'est pas en ville ici, les gens font attention les uns aux autres. » C'est vrai. À Paris, les gens ne proposent que rarement de s'entraider. Peut-être le souhaiteraient-ils mais face à la brutalité de la ville, ils ferment les yeux très fort et avancent. Seuls.

Enfant, Emmanuelle avait appris à dire bonjour à tout le monde. Négliger cette politesse face à un adulte était une outrance passible d'une punition sévère. Alors, fraîchement débarquée dans la capitale pour un job étudiant, ma nouvelle amie de Saint-Sauveur a continué à saluer avec bonne humeur les gens qu'elle croisait. Des hommes la pourchassaient dans la rue, croyant que la grande brune les aguichait. Certains lui ont craché à la figure. Au travail, ses collègues lui ont conseillé de porter un walkman et de lire un livre lors de ses trajets dans le métro pour ne pas attirer l'attention. Mais la jeune femme n'arrivait pas à se focaliser sur sa lecture. Elle n'avait qu'une envie : parler aux badauds qui l'entouraient. Elle ne pouvait passer devant un sans-abri sans tenter de lui venir en aide. Plus que la détresse de ces personnes, c'est l'indifférence des passants qui lui arrachait les tripes.

À Mézilles, où elle a grandi, nul mendiant. Pourtant la misère était partout. Comme Alain-Fournier, Emmanuelle vivait dans une maison-école où les moutons étaient traités comme des animaux domestiques, au même titre que les chats ou les chiens. Les bêtes se calaient sur le canapé du salon pour regarder la télévision. Sa mère était l'institutrice du village et son père, marchand de bestiaux. Il était le dixième enfant d'une famille pauvre ayant fui la Galice durant les ravages de la grippe espagnole. Son père achetait des animaux vivants aux éleveurs ou sur les marchés, puis les revendait à des abatteurs ou d'autres éleveurs.

La Puisaye, sauvage et retirée, souffrait d'une mauvaise réputation auprès des Auxerrois. Celle d'un pays gangrené par la pauvreté, le manque d'éducation, les problèmes psychiatriques et l'inceste. On imaginait des paysans sales et pouilleux, dépourvus d'eau et d'électricité. « Point de chemin de fer dans mon pays natal, point d'électricité, point de collège proche ni de grande ville[37] », écrit Colette. La Puisaye n'a jamais été considérée comme la « vraie » Bourgogne. C'est un territoire d'élevages et de pâtures, bien loin des vins fins et de la gastronomie vantée par les offices de tourisme de Beaune, Nuits-Saint-Georges ou Chalon. La poterie est la seule activité ayant apporté à la région un peu de notoriété et quelques lettres de noblesse, grâce à une terre riche en argile.

À Saint-Sauveur, Emmanuelle ne se déplace qu'en voiture, même pour des petits trajets entre son domicile, en bordure du village, et le centre. « C'est un truc de citadins de se balader dans la nature. Les gens d'ici ne se promènent pas. » Pourtant, c'est l'appel de la nature et d'une vie moins chère qui a convaincu Emmanuelle et Willy de rentrer vivre en Puisaye après quelques années compliquées à Paris. Elle ne supportait pas d'emmener leur petit garçon au parc, où les pelouses étaient interdites. « J'avais l'impression de promener mon chien. » L'idée qu'il ne serait pas libre de construire des cabanes, de jouer en bande sans s'inquiéter des adultes, comme elle, enfant, l'avait décidée. Pourtant, une fois de retour dans le pays de leur enfance, Emmanuelle et Willy ont été effarés de découvrir que les enfants s'étaient volatilisés des rues, des places et des sentiers. « Quatre heures ! Ils ne sont pas venus goûter ! Où sont les enfants ? » [...] Six heures trente ! Rentreront-ils dîner ? Où sont les enfants ? » appelait Sido, « essoufflée par sa quête constante de mère chienne trop tendre[38]. »

Les mères n'appellent plus le nom de leurs enfants dans les rues. Elles ont cessé de trembler, rassurées de savoir leur progéniture en sécurité, sagement installée devant un film ou un jeu vidéo. Le monde extérieur est trop dangereux. Comment alors développer la confiance en soi, l'aptitude à la rêverie, l'idée que tout est possible et que le monde nous appartient ? Une fois adultes, accablés par les vicissitudes de la vie, ces petits confinés n'auront pas, comme les générations avant eux, cette réserve de liberté dans laquelle puiser pour se donner du courage. Les parents préfèrent savoir leurs enfants au chaud plutôt que de prendre le risque de les laisser vivre. La peur a gagné les cœurs et les esprits. Pour justifier l'emprisonnement pur et simple de leurs petites merveilles, certains accusent les réseaux sociaux, les chaînes d'actualité diffusées en continu et la prétendue « montée » de la criminalité pédophile d'alimenter notre anxiété, déformant notre perception du monde.

Vers 1882, plus d'un siècle avant la création de CNews, une mère un brin possessive de Saint-Sauveur, férue de liberté, n'en menait déjà pas large. Dans la nouvelle « L'enlèvement », Colette raconte comment une nuit, après des semaines d'insomnies et de cauchemars, Sido a kidnappé sa propre fille de neuf ans dans sa nouvelle chambre à l'étage pour la ramener dans sa tanière enfantine, attenante à la chambre à coucher de sa mère. Un mois plus tôt, la petite s'était installée dans la chambre de Juliette, sa sœur aînée partie se marier. Pour expliquer l'anxiété maternelle, Colette énumère une longue série d'évènements : « une histoire de jeune fille enlevée, séquestrée » à la une des journaux ; « un cheminot éconduit [...] par notre cuisinière », qui refusait de s'éloigner ; « des romanichels, rencontrés sur la route, m'avaient offert avec d'étincelants sourires et des regards de haine de m'acheter mes cheveux » ; « M. Demange, ce vieux monsieur, [...] s'était permis de m'offrir des bonbons dans sa tabatière[39] ». Pourtant, Gabrielle ne serait jamais devenue Colette sans la liberté qui lui a été offerte d'arpenter à sa guise l'immense terrain d'apprentissage du dehors. Combien de Colette sont aujourd'hui empêchées d'advenir ?

Tandis que la serveuse positionne délicatement de grandes assiettes chaudes devant les convives, la tablée se met à réfléchir à voix haute sur l'identité possible de l'homme-épouvantail :

— Était-il gros ?

— Euh, non, plutôt mince.

— Avait-il les cheveux coupés à ras ?

— Non, ils étaient drus et longs.

— Était-il tatoué sur le visage ?

— Non, je n'ai rien remarqué.

— Tu es sûre qu'il était grand ?

— Il était voûté et grand, oui. Avec un chapeau ou une casquette.

— Bon, ben c'est pas Stéphane, alors, étrange. Et il balançait ses bras, c'est bien ça ?

— Oui tout à fait, c'était vraiment flippant.

— Je ne vois vraiment pas.

— Moi non plus, je n'ai pas l'impression que ce soit un gars d'ici. Dis donc, Muriel, pas de chance, tu es tombée sur le prochain tueur en série du coin !

Je repense en frissonnant à mon ami Matthieu qui, lorsque je lui ai annoncé notre improbable trouvaille immobilière à Saint-Sauveur, a immédiatement réagi, sourcils froncés, mine grave : « Attention, c'est la terre des disparues de l'Yonne. C'est un département au passé très lourd, où ont sévi les tueurs en série Émile Louis et Michel Fourniret en quasi totale impunité ! » Et puis, il y a cette tradition dans l'Yonne de familles pauvres accueillant des enfants abandonnés. Elle s'est poursuivie avec la création de centres pour handicapés. Un certain nombre d'instituteurs après la guerre ont fait en sorte que des personnes qui ne trouvaient pas leur place dans la société aient un havre de paix. L'homme-épouvantail n'était sans doute pas un meurtrier.

Malgré la peur, je suis déterminée. Je ne m'arrêterai pas de marcher, ni de m'extasier. J'étendrai peu à peu mon territoire et continuerai de humer l'odeur de la terre humide, de me sentir vivante, de réfléchir, d'avancer tranquillement dans les bois.

Rêve. Je retourne au village du Broc, rue Neuve. Je pénètre dans le salon, qui ouvre sur la ruelle. Rien n'a changé depuis l'enfance : le sofa en tissu chocolat trop mou et trop bas, la grande table ronde blanche tulipe, les chaises en acier blanc Aras, très à la mode chez les bobos d'aujourd'hui, l'immense cheminée qui n'a jamais servi, les trois marches adossées à un mur sous une fenêtre en hauteur (à quoi servaient-elles ?), la cuisine encastrée recouverte d'une fine pellicule de graisse.

Betty est là. Elle ressemble à la Betty des années 1980 : longue, souple, bariolée, carré court abricot, élégante, fantomatique, évanescente. Elle s'affaire avec des personnes que je ne reconnais pas. Dès que je m'approche d'elle, elle fuit.

Il fait nuit dehors. La scène se répète. Je pénètre à nouveau dans la maison de mes grands-parents. Sur les murs, je note qu'une chaux grise a été appliquée grossièrement. Ils sont identiques à ceux de notre salon à Saint-Sauveur. Je filme la pièce à l'aide de mon téléphone, pour me souvenir, pour alimenter mon travail d'écriture. Sans souvenirs, pas de livre. Soudain, je les vois, assis dans un coin du grand salon-cuisine.

Mon grand-père a rajeuni. Ses rides ont disparu. C'est le Peter de mon enfance, celui qui me caressait délicatement les mollets depuis le siège passager avant de la dodoche maternelle, sur le trajet reliant l'aéroport et la maison. Il n'y avait rien de plus doux que ses doigts frôlant ma peau. Je suis si émue que les larmes coulent le long de mes joues. Nous ne nous sommes pas vus depuis si longtemps. Une peur m'envahit. Je ne veux pas qu'ils repartent à tout jamais dans le monde des morts. Je ne veux pas les quitter.

Soudain, une main caresse mon dos. Qui est-ce ? Elle se fait insistante. J'ouvre un œil, puis deux. C'est la main d'Ed qui me réveille. Il a une question urgente à me poser à mille lieues de là où je suis. Je lui en veux de m'avoir séparée de mes grands-parents. Que c'était doux de les revoir, de les toucher, de les sentir.

À L'ATTERRISSAGE DE L'A320 À NICE, une hôtesse de l'air annonce dans son micro, d'une voix ondulante, séparant bien les syllabes les unes des autres : « Nous demandons aux enfants non accompagnés de bien vouloir rester assis et attachés jusqu'au débarquement complet des autres passagers. »

Sage, j'obéis comme si le message m'était adressé.

Je regarde les « adultes » se lever comme un seul homme, récupérer bagages, manteaux, foulards, chapeaux tout en consultant frénétiquement leur téléphone. Je reste assise, la tête adossée au hublot, écharpe à carreaux rouges serrée autour de mon cou dans l'espoir de déjouer un début de mal de gorge. Ce voyage n'est pas anodin. Il m'a coûté du temps et pas mal d'argent mais, là, dans l'effervescence de l'atterrissage, je ne suis plus très sûre de mon objectif.

Qu'est-ce qui motive ce retour au village de mon enfance ?

Qu'y a-t-il à découvrir quand ceux qui lui donnaient,

il y a quarante ans, sa chair, son existence et son aura sont partis ?

Avec le temps, les souvenirs se déforment. Nous les chérissons parce qu'ils nous constituent. Ils sont la fabrique de notre narratif personnel, à la façon des grands évènements historiques, véridiques ou fictifs, offrant à la nation une version romancée de sa propre histoire. Avec soin, nous trions, choisissons, écrémons, parmi les millions de moments vécus, de paroles entendues, de senteurs, de visages croisés, aimés ou détestés. Sans le savoir, nous coupons et montons le film de notre vie pour donner un sens à ce que nous sommes devenus.

Peut-être est-ce cela. Peut-être ai-je besoin de faire jaillir des souvenirs enfoncés trop loin dans l'obscurité de ma mémoire pour m'expliquer à moi-même. Peut-on revenir sur les lieux de son enfance et se rappeler ? Est-ce que ça marche ? Peut-être alors me satisferai-je de lambeaux, de miettes de mon passé. Et si je rentrais bredouille ? Et si revoir les lieux de mon enfance, sous le projecteur brutal du temps présent, gommait les évanescentes évocations de ce passé aimé ? Celles qui existent et tournent en boucle dans ma tête. Celles qui me font tenir bon.

Il faut prendre garde, car, comme le chantait Léo Ferré, A*vec le temps, va, tout s'en va, on oublie les passions et l'on oublie les voix, avec le temps tout s'évanouit.*

Je dois lutter pour préserver ces souvenirs sans les abîmer ni les trahir.

Alors que la cohorte de voyageurs s'impatiente, j'essaie de m'emparer du moment, de laisser des fragments remonter à la surface.

Enfant, j'avais le privilège de voyager seule, ou avec mon frère, en train ou en avion pour retrouver Betty à Nice. J'aimais à égalité les deux moyens de transport, chacun charriant son lot de mythologie.

Le train de nuit suscitait la rêverie, évoquait le temps long, le jeu, le cinéma, avec des films comme *Une femme disparaît* ou *L'Inconnu du Nord-Express*, l'exaltation face à des paysages changeants. J'insistais pour avoir la couchette du haut, d'où je croyais dominer le monde. Puis, au petit matin, la soudaine apparition de la Méditerranée.

Après quelques aller-retour entre le couloir et le compartiment, une visite aux toilettes pour se brosser les dents et contempler les rails défiler par le trou d'évacuation, il n'y avait plus grand-chose à faire d'autre que se coucher.

Dans ma couchette en altitude, je ne voulais pas dormir. Il fallait profiter de l'absence parentale pour être libre et jouer autant que possible. Bercée par le mouvement du train et l'obscurité de la cabine, la résistance enfantine finissait par céder à l'appel d'un sommeil bringuebalant. Le train opérait toujours une halte au cœur de la nuit, dans une ville mystérieuse, quelque part entre Lyon et Avignon. J'aimais la façon dont les trains de nuit avançaient à reculons, cherchaient à perdre du temps, observaient des détours dans la campagne, s'octroyaient des pauses, afin de n'arriver à bon port qu'à l'heure du petit-déjeuner. La vie me semblait alors infinie.

Nanou, ma meilleure amie du Broc, et moi tenions, les jours de pluie, deux boutiques dans le salon de Betty. Nous vendions un peu de tout : lampes, jouets usés, fruits, fleurs séchées, vieilles clefs, casseroles, pots de confiture.

Nanou utilisait le sofa marron comme présentoir. Pour ma part, je disposais des trois grandes marches appuyées contre un mur. Clientes réciproques et négociatrices acharnées, nous faisions toute la journée des allées et venues entre sa boutique et la mienne, munies de porte-monnaie débordant de pièces étrangères appartenant à Peter.

Les symboles de notre indépendance : une Renault 5 verte, une Mini Austin rouge, des Marlboro pour elle, et des Peter Stuyvesant pour moi, en hommage à ma mère, la plus gracieuse des fumeuses.

« Tu ressembles à un beau dragon quand la fumée sort de tes narines. »

Un après-midi, son père, fumeur à la chaîne de gitanes bleues sans filtre, gitan lui-même dans l'âme, fit de nous des sœurs de sang. Il taillada nos bras à l'aide d'une lame de rasoir. Le sang ne coula pas immédiatement. Lorsqu'un flot rouge vif se mit à gicler de la fente, il nous ordonna de frotter nos bras l'un contre l'autre pour que notre sang se mêle. La cicatrice nous rappellerait toute notre vie ce que nous étions l'une pour l'autre, affirma-t-il, clope au bec, espadrilles aux pieds, braguette ouverte. L'amitié éternelle nous semblait digne de souffrance. Je rentrai chez Betty, fière de notre geste. Mais à la vue de mon bras ensanglanté, ma mère, de passage au Broc, s'étrangla. Le visage gonflé de fureur, elle se précipita chez Nanou pour sermonner le père.

Au retour, elle se mit à sangloter, et moi aussi. Je ne serais plus sa petite fille parfaite, immaculée. Elle ne savait pas bien pourquoi, mais ça lui faisait mal dans sa chair à elle. Et moi, son prolongement, son extension, son miroir, j'étais triste qu'elle soit triste.

Des décennies plus tard, je contemple cette cicatrice, fidèle évocation de mon enfance. J'écris ces lignes et m'interroge. Où vit Nanou ? La cicatrice est-elle toujours visible sur son bras ? Est-elle heureuse ? Je ne peux m'empêcher de croire que sa vie est rude, voire tragique.

Je l'imagine victime d'hommes atroces : battue, violée, prostituée. Enfant déjà, sa beauté brute dégageait une sorte de mal-être. Peut-être que je me fais des films.

Je tape son nom dans Google. J'ai beau scroller, cliquer, elle n'apparaît nulle part, ni sur Facebook, ni sur LinkedIn ou Copains d'avant. Il y a bien une Anne Pandon sur Instagram, mais la photo de profil est trop petite pour identifier un visage. Et puis le compte est privé.

Sur Google, je trouve une Anne Pandon, banquière, mais ce n'est pas elle. Trop âgée. Anne a dû se marier et changer son nom de famille. Je tape le nom de son frère dans la boîte de recherche, Hervé Pandon, secrètement aimé le temps d'un été. Avec son air canaille, il jouait de l'accordéon musette, au grand bonheur de Betty, lors de nos soirées spectacles sur la place du Campon. « Il est charmant Hervé n'est-ce pas ? » Je rougissais.

Ma recherche révèle un compte Facebook. La photo de profil est floue mais je le reconnais immédiatement. Bien sûr son visage a vieilli. Comme son père avant lui, il plaque ses cheveux vers l'arrière. Je retrouve son expression à la fois douce et espiègle.

Parmi ses vingt amis, beaucoup sont employés au Carrefour de Nice Lingostière, où Betty faisait ses grandes courses. J'en déduis qu'Hervé aussi y travaille et qu'en définitive il n'est pas parti bien loin du Broc.

Anne n'est pas dans sa liste d'amis. Où est-elle ? Se sont-ils fâchés ? Ou est-ce pire ? Je ne peux m'empêcher de l'imaginer morte jeune, comme son père. Cette idée me fait tressaillir. Je veux la trouver. Pour en avoir le cœur net, je clique sur acte-deces.fr, où les morts sont répertoriés en fonction de leur nom de famille et du département de décès. Sur la page « Acte de décès des familles Pandon », je tape sur « command-F » à la recherche d'une Anne, née dans les années 1970. Mes yeux glissent sur des SuzAnne, des JeAnne, JeAnnette, des MariAnne, et quelques Anne. Mais aucune qui corresponde à la mienne. Elle est donc vivante, quelque part, restée incognito dans ce monde dédoublé où l'absence d'existence sur la Toile est suspecte. Ma Nanou, mon indomptable et intrépide Nanou vit quelque part cachée, et j'espère, heureuse.

Première nuit à l'hôtel Ibis de Nice.

Le bruit de la ventilation dans la salle de bains, les draps rêches, les odeurs trop neuves, le ding ding de l'ascenseur devant ma porte, les « hé, on va être en retard ! » criés dans le couloir ont saboté ma nuit. J'ai une sale gueule, le cheveu terne, et le virus, ce salaud, est tombé sur mes bronches.

Je quitte l'établissement. Le temps est splendide. À l'image des vieilles dames du coin, j'achète des lunettes de soleil à la pharmacie pour éviter d'être éblouie au volant de la Fiat 500 blanche qui m'attend à l'Avis de la gare. Détentrice du permis de conduire depuis à peine deux ans, c'est la première fois que je loue un véhicule. Je suis excitée mais nerveuse. Je le vis comme une étape, un truc d'adulte. Paradoxalement, j'ai longtemps associé le permis à une sorte de soumission. Peut-être parce que ma mère ne conduisait que sur des trajets courts, ceux réservés aux femmes pour faire les courses, récupérer les enfants à l'école, aller à la gare RER la plus proche. Betty, elle, n'avait pas le permis mais une armée d'amis qui l'auraient emmenée n'importe où. Il me semblait que c'était cela, le chemin de la liberté. Voyager avec les autres, se laisser conduire, profiter de la conversation et des paysages. Et pendant des années, j'étais fière de ne pas avoir le permis, comme Betty. Il aura fallu qu'un serpent morde le pied d'Ed dans un coin paumé de Grèce, et de l'entendre gémir en se conduisant lui-même aux urgences, pour mesurer l'ampleur de ma confusion.

Les routes en lacet dans l'arrière-pays niçois sont encore plus étroites que dans mon souvenir. Carros est majestueuse de loin, avec son château dominant mer et vallée.

À l'entrée du Broc, la décharge a disparu, remplacée par une ligne à haute tension. En quatre décennies, la population a triplé. Des maisons et structures municipales ont poussé autour du village, qui n'en est plus vraiment un. La bourgade s'est transformée en une zone périurbaine, un village-dortoir à quelques kilomètres de Nice. Adulte, je connecte les points les uns aux autres, analyse, classe par catégories sociales, géographiques, politiques, psychologiques, cherche du sens partout, dissipant au passage la part mystique de mon village.

Le Broc est devenu ordinaire, propret. Plus joli, c'est

vrai, mais moins charmant. C'est la France des villages qui vivent grâce aux impôts locaux des zones industrielles, où les habitants travaillent. Fini le côté *roots*, où se côtoyaient ouvriers, hippies, artisans, artistes, étrangers en tout genre. Le Broc n'est plus isolé. Mais l'a-t-il jamais vraiment été ?

Une fois sur la place centrale, un sens unique m'empêche de poursuivre mon chemin. Je décide de contourner la fontaine comme le faisaient autrefois les automobilistes. Mais prise en étau entre les voitures garées, désormais obèses, et la fontaine, l'espace pour manœuvrer fait défaut. Soudain, un bruit de tôle m'arrache à mes songes. Je me mets à transpirer. Et à pester contre cette idée foireuse du retour aux sources.

J'arrête la Fiat, ouvre la portière et découvre la coupable au pied de la fontaine. Une grosse pierre polie que je reconnais instantanément. Mon cœur se serre. Combien de fois ai-je grimpé dessus enfant pour avaler, tête renversée, l'eau jaillissante ou remplir la cruche de ma grand-mère ? J'avais oublié l'existence de cette alliée de l'enfance.

Plus haut dans le village, je trouve un parking. Je me gare maladroitement et m'enfonce dans les ruelles obliques. Rue Neuve, rue Campon, place du Campon, rue de l'Hôpital, place de la Mairie. Pas un chat. Enfin si, un vieux chat qui prend peur en me voyant, et un chien borgne. Mais rien qui vienne mettre du désordre dans ces rues trop parfaites. Pas un déchet ne jonche le sol, pas de trou dans la chaussée, pas d'herbes folles surgissant des murs, pas une merde de chien, pas d'enfants crapahutant en bande, pas d'anciens discutant ou jouant aux boules. Tout est silencieux. C'en est presque effrayant. Un vent froid se faufile dans les ruelles. Nous ne sommes qu'en février. La guillerette et odorante pizzeria de Guy et Mado, complètement effacée, semble n'avoir existé que dans mon imaginaire.

Mais pourquoi se raccrocher ainsi à ce que nous avons connu ? Pourquoi cet éternel « c'était mieux avant » que nous nous étions pourtant juré, jeunes, de ne pas reproduire ? Qui suis-je pour vouloir figer ce village dans le temps ?

Il est certain que les gens sont moins pauvres qu'ils ne l'étaient. Les maisons ont l'air plus confortables et mieux isolées. Je ne vois plus des petits vieux amputés d'un bras ou d'une jambe, vies démolies par les bombes et combats des deux guerres mondiales. Les propriétaires ont installé des pots de fleurs un peu partout sur les façades rénovées.

Selon le psychologue Serge Ciccotti, dans le présent, nous sommes plus sensibles au négatif qu'au positif tandis que la mémoire retient le positif et tend à oublier le négatif. Toutes les générations confondues préféreront toujours Le Broc de leur enfance à celui d'aujourd'hui.

Je repense à Colette narrant, depuis la venteuse Bretagne, son glorieux pays natal à son amant. « Viens, toi qui l'ignores, viens que je te dise tout bas le parfum des bois de mon pays égale la fraise et la rose[40] ! »

Puis, de se ressaisir à la fin du texte, prenant conscience que son pays, tel qu'elle le décrit, n'existe que dans son cœur : « Que t'ai-je dit ? Ne le crois pas ! [...] N'y va pas : tu le chercherais en vain. Tu ne verrais qu'une campagne un peu triste, qu'assombrissent les forêts, un village paisible et pauvre, une vallée humide, une montagne bleuâtre et nue, qui ne nourrit pas même les chèvres... »

Une autre histoire de Colette me touche dans ce qu'elle raconte de notre attachement si profond et indélébile aux objets, aux sons, aux textures, aux odeurs de notre enfance. Une fin d'après-midi pluvieuse, des années après la disparition de Sido, du Capitaine, de sa sœur, Juliette, et de son frère Achille, Colette reçoit, dans sa dernière demeure au Palais-Royal, son fantasque frère Léo. Il est venu lui compter son exaspération causée par d'imperceptibles changements observés autour du château communal de Saint-Sauveur, lors d'un récent passage.

« — J'avoue que je n'ai d'abord pas aimé particulièrement qu'*ils* fassent de la première cour [...] une espèce de préau à sécher la lessive. [...] Mais je n'y ai pas trop fait attention, parce que j'attendais le “moment de la grille”.

— Quel moment de la grille ?

Il claqua des doigts, impatienté.

— Voyons… Tu vois le loquet de la grille ?

Comme si j'allais le saisir – de fer noir, poli et fondu –, je le vis en effet…

— Bon. Depuis toujours, quand on le tourne comme ça, – il mimait – et qu'on laisse aller la grille, alors elle s'ouvre par son propre poids, et en tournant elle dit…

— "*I-î-îan…*" chantâmes-nous d'une seule voix, sur quatre notes.

— Oui, dit mon frère en faisant danser fébrilement son genou gauche. J'ai tourné… J'ai laissé aller la grille… J'ai écouté… Tu sais ce qu'*ils* ont fait ?

— Non…

— *Ils* ont huilé la grille, dit-il froidement.

Il partit presque aussitôt. Il n'avait pas autre chose à me dire[41]. »

Une lumière à ras signale que le jour prendra bientôt fin. Je n'ai jamais vu Le Broc en hiver. Ça n'existait pas. Je ne me représentais pas ce paysage d'arbres nus. Mais les pins se fichent de l'hiver. Ils continuent de suinter, comme toujours, comme avant, leur odeur boisée et résineuse.

Depuis la porte-fenêtre du premier étage, un homme me demande ce que je veux. Tout est allé trop vite, j'ai sonné avant de réfléchir.

Je tente la vérité : « J'écris un livre dans lequel je revisite des souvenirs d'enfance et beaucoup sont dans cette maison qui appartenait à mes grands-parents. Serait-il possible de la visiter ? »

Il hésite un instant, jette un œil derrière lui, acquiesce, puis referme la porte-fenêtre. J'attends un temps qui semble infini devant la maison. J'observe la ruelle en escalier, étrangement propre et silencieuse. Finies, les odeurs de mousse, de lessive et de poussière. Disparue, la ruine d'en face débordant de ronces et de chats sauvages dont les plaintes me tenaient éveillée la nuit. Tout est mignon, rénové, de bon goût. Une aire de jeux sécurisée, témoignage de notre époque, a remplacé les vieilles pierres.

La maison, quasiment une tour dans ma mémoire, paraît s'être affaissée sur elle-même. Il y a autre chose.

Partout, le bois a cédé la place au PVC. La lourde porte brune et sa clef médiévale, si impressionnantes, ont été remplacées par une porte en plastique blanc assortie d'une vitre opaque pour laisser filtrer la lumière. J'ajuste nerveusement mon masque chirurgical sur le visage. Arriver masqué est devenu une marque de politesse, utile pour empêcher la diffusion des microbes et des émotions. Je ne comprends pas bien ma présence ici. Je sens dans mes tripes la mauvaise idée. Pourtant, je m'entête, probablement pour rentrer dans mes frais, être la bonne élève de mon livre.

Dix minutes plus tard, je distingue enfin une ombre derrière la porte vitrée. Elle s'ouvre lentement, laissant apparaître un homme, la petite quarantaine, belle carrure, vêtu d'un jogging aussi soigné que la rue Neuve.

Il passe la main dans ses cheveux ras et s'excuse d'avoir pris du temps : « C'était le bazar mais je vous en prie, entrez. » Debout, sur le pas de la porte, je ne reconnais rien, comme si je m'étais trompée de maison. Plus rien n'existe. Ni mon enfance, ni la longiligne Betty, ni nos dîners en tête à tête, ni Reinette qui apportait le courrier en riant, ni les effluves de patchouli de notre voisine Anne-Marie. Volatilisés, les hauts vases de fleurs séchées, la table ronde tulipe, le canapé marron chocolat et ses gros boutons, les pas décidés de Betty, le doux balancement de ses hanches étroites, son silence volubile. Où suis-je ?

Partout, un plancher imitation bois recouvre l'ancien carrelage années 1960. Des luminaires quelconques éclairent des meubles de cuisine rutilants.

Au premier étage, dans le salon, le mur couvert de livres s'est transformé en un écran plasma gargantuesque, dévorant une brochette d'enfants installés sur un sofa interminable. Mon cœur s'affaisse. Qu'avez-vous fait ? Quelques détails à peine demeurent : les murs couverts de chaux blanche, l'œil-de-bœuf au pied de l'escalier, les trois marches. Je voudrais fuir le plus vite possible. Serais-je encore à l'avenir capable de convoquer le souvenir de ma maison d'enfance sans penser à ce qu'elle est devenue ? N'ai-je pas fait exactement ce que je craignais et effacé les quelques réminiscences fragiles qui subsistaient ?

Le propriétaire est fier de me montrer ses réalisations, m'expliquant le choix des matières, des techniques. Malgré mon trouble, je fais mine de m'intéresser. Je rejoue l'inaltérable jeu de rôle intervieweur-interviewé, pour mettre à l'aise. Et, il n'y a pas de doute, ça marche. Il est de plus en plus décontracté, rit volontiers, me fait des confidences. Pourtant, je crève d'envie d'être seule, ne serait-ce qu'un instant, pour humer la maison, m'accouder à la fenêtre pour observer si la vue a changé, grimper à la hâte le haut escalier menant du salon aux chambres et à la terrasse.

Tenter de distinguer les ombres furtives du passé, les rires de l'enfance, la petite fille que j'étais, mi-rougissante, mi-rugissante, ses rêves encore préservés. J'aimerais me recueillir sur la texture de mon passé. Comprendre son importance.

Revenir sur les lieux de l'enfance. Nous sommes nombreux à y penser, et à le faire selon des démarches aussi variées que nos vies le sont.

Je me souviens, l'été dernier à Saint-Sauveur. Je suis chez mon amie Jayne, dans son vaste salon. Malgré la chaleur dehors, nous sommes recroquevillées dans deux vieux canapés en cuir usé. Je l'ai rencontrée il y a peu mais il me semble la connaître depuis toujours. N'est-ce pas comme cela avec les gens que nous aimons ? J'ai sorti mon enregistreur pour ne rien rater. Je voulais l'indéfinissable Jayne, femme aux multiples talents, dans mon livre. Voix de velours, sa diction était calme, telle la mer avant la tempête. Je l'écoute comme j'aurais écouté une berceuse.

En 2014, elle a mené un projet artistique d'une étrange poésie cathartique. Équipée d'un mannequin trouvé dans la rue et d'un appareil photo, elle est retournée visiter toutes les maisons où elle avait vécu jusqu'à ses dix-sept ans, âge traumatique du suicide paternel. À son grand étonnement, la plupart des propriétaires l'ont laissée entrer et faire ce qu'elle avait à faire, c'est-à-dire reconstruire des scènes de l'enfance, avec le mannequin – son *alter ego* –, sa fille et son compagnon jouant respectivement les rôles de sa mère et de son père. Puis, de les photographier.

« Il s'agissait en quelque sorte de concrétiser les souvenirs et les non-souvenirs de mes premières années, m'a-t-elle expliqué, se penchant vers le cendrier posé sur la table basse pour écraser une cigarette. Mais aussi de me reconnecter au temps d'avant. Avant d'avoir lu tout ce que j'ai lu, d'avoir voyagé dans des lieux dont j'ignorais l'existence, d'avoir fait l'amour, d'avoir eu des enfants, d'avoir changé de pays. Avant qu'il ne meure. »

Jayne n'a essuyé qu'un refus, le plus douloureux. « C'est la dernière maison où j'ai vu mon père, où je l'ai touché, senti. »

Après avoir beaucoup hésité et bataillé avec les nouveaux propriétaires, Annie Ernaux est revenue visiter la maison où elle est née. Quelque temps après la visite, elle raconte que deux visions de la chambre « où tout a commencé » alternent. Dans la première, elle « sent la présence dérangeante de la propriétaire » à ses côtés. Dans l'autre, elle se voit petite ombre allongée entre les parois de son lit d'enfant. « La première où rien n'a été vécu s'éliminera d'elle-même dans un délai plus ou moins bref [...] déjà j'ai oublié la couleur du dessus-de-lit, les meubles. L'autre est indestructible[42]. »

Depuis les confinements successifs, je ne suis plus la même. Je me tourne vers l'intérieur, au sens propre comme figuré, vers le passé, pour mieux m'élancer vers un futur détenteur de promesses, avec l'espoir d'enfin trouver ma juste place, jusqu'à devenir un morceau du monde. Peut-être est-ce cela, le sens de mon retour ici.

Avant mon départ, je me suis bercée d'illusions, à croire que j'allais déterrer je ne sais quel souvenir enfoui qui m'expliquerait à moi-même.

Je n'avais pas pensé à la nécessité de revenir ici, lieu mythique de mon enfance, pour mieux me propulser, telle une fusée, dans rien de moins que la conquête de l'espace, de mon espace.

Christine Ulivucci[43], psychologue, corrobore cela quand elle écrit que la confrontation avec un lieu familier, qui engage à différencier le passé du présent, opère la séparation indispensable pour s'orienter vers un futur à inventer.

J'avais besoin de revoir, raide sur sa chaise en rotin, livre presque collé au visage, la passion silencieuse de ma grand-mère pour la littérature. C'est dans cette communion avec les auteurs qu'elle a trouvé où habiter. Vers quarante-cinq ans, après des années d'errance sentimentale et géographique, elle avait posé ses valises dans leur cerveau, pour mieux comprendre le monde, les autres, elle-même. Et je crois qu'enfant je percevais cela.

Au salon du premier étage, les hurlements d'un dessin animé déchirent le fil de ma pensée et recouvrent le flux de paroles du propriétaire. Je vois sa bouche articuler des sons inaudibles. J'en profite pour balayer une nouvelle fois la pièce du regard.

Il n'a jamais été aussi clair pour moi qu'en choisissant la maison de Madeleine Roux, je choisissais la maison de mon enfance.

Comme à Saint-Sauveur, ma maison d'enfance est mitoyenne, anticonformiste, alambiquée, abrite deux salons superposés où il fait bon vivre au gré de ses envies. Le tout au cœur d'un village en pente, où femmes et hommes ont le verbe haut et les idées claires. Christine Ulivucci suggère que, après avoir quitté leur maison d'enfance, certains gardent en souvenir ses plans avec parfois le fantasme de la reconstruire un jour à l'identique. « Ces lieux survivent à leur façon parfois dans la quête perpétuelle d'un lieu semblable, un lieu idyllique d'origine[44]. »

Le nouveau propriétaire n'a pas saisi l'objet de ma visite. Je ne suis pas là pour admirer ses travaux mais pour convoquer quelque chose qui me dépasse. Mais je n'ai d'autre choix que de l'écouter. Il est tombé sous le charme du Broc et de la maison de Betty durant des vacances d'été avec sa femme. Il m'explique avoir appris seul à faire les travaux de la maison, essentiellement grâce à des tutos sur YouTube. Ça lui a manqué de ne pas avoir un père, parti du foyer quand il avait cinq ans, pour l'aiguiller. La maison de Betty le répare. D'une certaine façon j'en suis heureuse. Pourtant, lorsqu'il clame : « jamais je ne vendrai cette maison, c'est mes enfants qui en hériteront », cela me blesse.

J'avais beaucoup repensé à cette maison ces dernières années. Son souvenir m'a obsédée. Jusqu'à imaginer qu'un jour je pourrais l'acquérir. Le fantasme était si vigoureux qu'un matin, au sortir d'un rêve un peu trop réaliste, je me suis amusée à faire une recherche de biens à vendre au Broc. J'ai déroulé la liste des propriétés sur seloger.com, et, à mon plus grand étonnement, suis tombée sur la maison de Betty. À vendre. C'était vers 2015. Je me souviens encore de la somme : cinq cent cinquante mille euros.

Betty et Peter l'avaient revendue au début des années 2000 à une Anglaise qui vivait seule avec sa bouteille. Sur les photos de l'annonce, j'ai parfaitement reconnu la maison. L'Anglaise avait posé ses meubles sans entreprendre de travaux. À l'époque j'avais ri de ce hasard, m'étais interrogée sur sa signification. Bien sûr, je n'avais pas une telle somme, ni le désir réel de l'acheter. Non, il fallait aller de l'avant. J'ai tout de même gardé au fond de moi l'idée que cette maison avait peut-être encore des choses à me dire.

Betty et Peter n'ont pas de sépulture. Mes grands-parents détestaient les religions, au point de n'avoir pu se résoudre à assister au mariage de mon frère dans une église. Leurs cendres gisent dans des urnes, rangées au fond d'un placard je ne sais où. La maison du Broc m'apparaît désormais le seul endroit tangible où je puisse me recueillir. Une maison-mausolée.

Il est déjà tard lorsque je réussis à m'échapper. Je n'ai qu'une envie, rentrer dans ma chambre « César », majestueuse, avec son vaste lit à baldaquin, ses tomettes, son tapis oriental et ses meubles anciens, louée pour soixante euros à la mairie de Bouyon, petit village perché un peu plus haut dans la montagne. Je veux écrire mes impressions avant qu'elles ne s'évanouissent.

En remontant les ruelles du village vers le parking, je m'arrête au Proxi. Deux hommes m'accueillent avec bonne humeur. Ils célèbrent le premier anniversaire du magasin, une sorte de mélange réussi entre un deli et une supérette de proximité.

Je dis à la cantonade : « Elle est magnifique cette supérette, attention, enfant j'ai volé beaucoup de bonbons à la petite épicerie de l'autre côté du village. » L'un d'eux rit et m'offre un paquet de pipas, ces petites graines de tournesol salées et grillées, aux épluchures encombrantes. « Allez, en souvenir de votre enfance au Broc ! »

Réchauffée par ces paroles, je regagne le parking pour retrouver la petite Fiat. Me revient alors l'incident, la tôle déformée, la grosse pierre oubliée, les frais astronomiques à régler. Alors que je m'apprête à démarrer, je remarque un Post-it collé sur le pare-brise. Une personne bien attentionnée a cru bon de noter : *Monsieur le con, vous n'êtes pas tout seul. Apprenez à conduire et a vous garé correctement.*

DIMANCHE MATIN. Assise sur le parapet surplombant les larges marches reliant le haut du Broc à la rue centrale, j'attends Flo, la fille d'Anne-Marie, la fidèle voisine de ma grand-mère au Broc. Elle fait deux cents bornes pour venir. Nous ne nous sommes pas revues depuis près de trente ans.

Mes yeux s'aventurent au loin à la recherche d'une silhouette élancée. Je me demande si elle a coupé sa longue chevelure soyeuse, qu'elle faisait mouvoir avec grâce. Enfant, je voulais la même. Jeune adulte, j'ai passé des heures à lisser ma grosse tignasse crépue, à l'aide d'ustensiles électriques, comme ma mère et Betty avant moi. Il en était ainsi dans notre lignée de femmes. Porter mes cheveux au naturel était parfaitement impensable. Sans jamais le dire, Betty et ma mère m'avaient transmis cette injonction : pour plaire aux hommes, à la société, à nous-mêmes, une femme se déguise, se pare, se maquille, se métamorphose. Tout plutôt que de ressembler à soi-même.

Alors je tirais, je lissais, je brûlais. Cette façon d'être au monde me semble aujourd'hui d'une tristesse infinie. Ne pas accepter ma chevelure atypique, c'était rejeter ma personne. Les photos de moi à cette époque montrent une femme qui n'est pas moi.

À la mer, l'été, ma mère allait jusqu'à porter un bonnet de bain pour éviter le contact de l'eau salée, ennemie jurée des cheveux lissés. Betty qui, en plus de haïr ses boucles, détestait son corps refusait catégoriquement de nous accompagner à la plage.

C'est justement lors de vacances à la mer, il y a une dizaine d'années, que j'ai été frappée par une révélation : mes cheveux étaient beaux. Je me suis mise à les palper sans répugnance, à aimer leur caractère indiscipliné, un bazar de boucles et de frisottis, leur épaisseur. J'admirais leur folle liberté, comme j'aurais pu admirer une personne dansant à corps perdu dans une fête, indifférente au jugement des autres. Ils étaient imprévisibles, n'obéissaient à aucune règle. Sauf peut-être celle d'être le reflet de mes bouderies, de mes joies, de ma santé et du niveau de pollution à Paris. Quelle libération d'enfin les aimer.

J'ai cessé les visites chez le coiffeur, ne supportant plus leur désir pathologique de les dominer, de les mater. Je ne tolérais plus les réflexions : « Vos cheveux sont très secs et abîmés, il vous faudrait un soin ou un masque pour les réparer. » Réflexions auxquelles j'aurais voulu répondre : « Mais réparer quoi au juste ? C'est vous qui devriez *réparer* votre vision de la femme. Vous prétendez être nos alliés mais vous n'êtes que les kapos de la domination masculine. »

Rien n'était plus accablant qu'un après-midi dans un salon de coiffure. Je haïssais depuis toujours la musique assourdissante, l'attente interminable, mon reflet dans les trop nombreux miroirs, les conversations inutiles, les bonjours aigus adressés aux clientes. Ce n'était pas bien grave, je laisserais ma tignasse pousser, économisant ainsi une centaine d'euros chaque mois. Convaincue que ma chevelure était incapable de passer la barre des épaules – elle poussait davantage en largeur qu'en longueur, je n'avais jamais tenté l'expérience. Et puis, les longs cheveux étaient destinés aux femmes, aux vraies, pas à moi. Et si j'osais enfin ? Ma crinière, trop longtemps bridée par des injonctions de tous ordres, avait désormais le droit de vivre sa plus belle vie.

Ma part de féminité manquante.

Colette, enfant, portait d'interminables tresses « sifflant comme des fouets », « à la fois un trophée et un fardeau », qui lui valaient chaque matin de se lever une demi-heure plus tôt que ses camarades d'école. « Les noirs matins d'hiver, à sept heures, je me rendormais assise, devant le feu de bois, sous la lumière de la lampe, pendant que ma mère brossait et peignait ma tête ballante. C'est par ces matins-là que m'est venue, tenace, l'aversion des longs cheveux[45]. »

Jeune femme, écrasée par sa chevelure d'un mètre cinquante-neuf, l'audacieuse décide de s'en séparer, au grand dam de sa mère Sido : « J'ai eu un gros chagrin que tu aies anéanti mon chef-d'œuvre de vingt années », écrit-elle dans une lettre à sa fille.

Deux tresses, nouées comme un cordon ombilical, qu'il était temps de couper.

FLO ARRIVE. Aussi belle qu'autrefois. Ses cheveux, encore plus longs, sont détachés. À peine plus âgée que moi, elle m'a pourtant toujours parue grande, studieuse, un peu lointaine.

Je suis heureuse de les revoir, elle et son beau-père, Jacky, un luthier mélancolique et taiseux vivant au village. Ils sont mon dernier lien humain au Broc d'avant. Ces personnages d'un autre espace-temps me semblent infiniment précieux. Leur long vécu dans la bourgade a le pouvoir de venir combler mes lacunes. Aujourd'hui, je veux tout savoir, tout comprendre.

Flo et moi arpentons les lieux de notre enfance, les ruelles, la place de la Mairie, la rue Neuve, où nos maisons mitoyennes se soutenaient. 10, rue de Hôtel-de-Ville. « Tu te souviens de Sylviane, la potière ? » Je me réfugiais dans son atelier quand j'étais triste. Nous parlions de choses et d'autres. J'aimais l'odeur terreuse de son antre obscur. Remonte le souvenir d'une femme solitaire à l'intelligence douce. Personne n'a encore osé démonter la pancarte en métal révélant les contours d'une cruche juste au-dessus de son imposante porte. Nous progressons dans l'enchevêtrement des ruelles vers la maison de Jacky.

Autour d'un thé brûlant, nous évoquons le lien d'amitié si fort entre Anne-Marie et Betty. Nous tentons de l'analyser. Deux femmes tellement différentes en apparence. Anne-Marie, nue sous sa tunique indienne, croyait dans la magie du monde, aux pouvoirs obscurs et divinatoires. Pour elle, l'Homme devait se frayer un chemin avec humilité dans la nature car nous n'étions rien. Betty ne se promenait pas. Elle ne vouait pas de culte à la nature et jamais, ô grand jamais, ne se serait baladée nue chez elle. La casanière préférait les longues randonnées à travers les méandres et autres passages secrets des cerveaux de ses écrivains fétiches. Elle ne se serait jamais permis de juger les valeurs et croyances des autres. Et lucide, elle savait qu'elle ne savait rien et accueillait avec une curiosité saine et bienveillante la différence. Jacky finit par sortir d'un tiroir plusieurs paquets de photos des deux femmes.

Les clichés les montrent ensemble partout. À des brocantes, dans des cafés, des restaurants, chez d'autres amis, devant des monuments, à des fêtes ou des concerts. Les images révèlent une intimité encore plus forte que dans mon souvenir : regards complices, éclats de rire, grimaces infantiles et une proximité physique surprenante pour qui connaît Betty, chaleureuse mais pas tactile. Les câlineries n'avaient rien d'évident pour elle. Si elle ne les repoussait pas, elle ne les recherchait pas non plus. Elle n'avait simplement pas appris. Sur presque chaque image, les femmes se touchent comme pour se rassurer l'une l'autre. Une main posée sur une épaule, un bras enroulé autour d'un cou, deux mains qui se tiennent. Que connaissais-je d'elles au fond ?

Nous quittons Jacky pour reprendre notre promenade. Flo s'assoit sur un banc en pierre, face à l'ancienne pizzeria. Il s'agit du banc où Gérard, le fou du village, s'assoyait avec son père et d'autres anciens. Je lui avoue, un peu honteuse, l'épouvante ressentie quand, enfant, je tombais nez à nez avec lui. Que cette peur des handicapés mentaux me poursuit même si les statistiques sont formelles : ce ne sont pas eux qui agressent sexuellement mais bien l'inverse. Aux États-Unis, des données institutionnelles non publiées montrent que les personnes, hommes comme femmes, souffrant d'un handicap mental sont sept fois plus susceptibles d'avoir subi un viol ou une agression sexuelle que le reste de la population[46].

Je lui dis le travail entrepris pour me défaire de mes frayeurs et lui conte ma récente mésaventure avec l'homme-épouvantail à Saint-Sauveur.

Une fois adulte, j'ai cru que c'était nous les enfants qui étions tordus, pas Gérard. Nous qui nous montions la tête, inventions un monstre pour nous divertir, nous amuser à nous faire peur : « Il paraît qu'un jour il a étranglé une petite fille. Il paraît qu'il y avait du sang. Il paraît qu'il est allé en prison ou à l'asile. » Je finis par demander à Flo :

— C'était quand même ridicule cette crainte de Gérard, il ne nous aurait rien fait, n'est-ce pas ?

Elle hésite, frotte ses longues mains sur son visage. Elle me regarde un moment en silence puis dit dans un souffle :

— Détrompe-toi, Muriel.

Je suis sous le choc. Défilent alors des images du visage pâle de Gérard, calvitie couverte par son indéboulonnable casquette à rayures, moustache naissante, massacrant des enfants. Je vois du sang giclant de petits corps éventrés. Je repense à toutes les fois où je l'ai frôlé, où j'ai failli céder quand il tapait énergiquement ses mains sur ses genoux et qu'il criait : « Viens, viens, Gérard veut jouer. » Pourquoi les adultes ne nous ont-ils pas protégés de lui ? Betty n'a jamais émis la moindre réserve à son encontre. Ne m'a jamais prévenue. Que croyait-elle ? Que savait-elle ? Interdite, je fixe de nouveau le visage de Flo. Je lui demande des précisions sur les agissements de Gérard. Connaissais-je sa ou ses victimes ?

Elle tourne la tête sur le côté, comme pour chercher des images, des souvenirs. Elle me sourit.

« Tu te rappelles la place du Ferrage ? Un après-midi, j'avais sept ou huit ans, je jouais avec mon frère et d'autres enfants. Gérard est arrivé, puis il m'a attrapée. Il me serrait si fort qu'il était en train de m'étouffer, de me briser les côtes. Pour qu'il me lâche, mon frère a eu l'idée géniale de lui enlever sa casquette. Gérard ne se rendait juste pas compte de sa force. Il était comme un enfant enfermé dans un corps d'adulte », justifie-t-elle. C'était donc elle la victime de Gérard.

« La différence entre un personnage comme celui-là et une personne d'apparence normale est que l'on voit, on ressent la dérive du premier. Dans un sens, les personnes comme Gérard ont une forme d'honnêteté, parce qu'elles préviennent qu'il faut se protéger. Puis, c'est à nous de faire ce qu'il faut. »

Je repense à Lennie, tendre colosse simplet dans le magistral *Des souris et des hommes,* qui fait régulièrement des « bêtises ». Inconscient de sa force, il tue par accident ce qu'il trouve doux : petits animaux, lapins, chiots, souris. Un jour, il casse le cou de la femme du patron du ranch où il travaille en tant que saisonnier. Elle avait flairé son insanité mais, écrasée de solitude, ne s'était pas méfiée. « T'es maboul, dit-elle. Mais t'es un gentil garçon, dans ton genre. Un peu comme un gros bébé. » Qui est ici en faute ? Lennie, qui n'« a jamais rien fait d'méchant », ou la femme du patron (Steinbeck ne la nomme pas) de ne pas avoir gardé ses distances ?

Je ne suis pas certaine de savoir comment me protéger, au milieu de nulle part, d'un être dont je ressentirais « la dérive ». Ou peut-être qu'à y réfléchir, si. Il est vrai que j'ai tout de suite su que l'homme-épouvantail était un peu *dérangé*. Tout dans sa démarche, ses vêtements, sa cadence, me signalait de faire attention, de m'éloigner. L'inverse des véritables psychopathes qui mettent en confiance leur proie pour mieux les croquer.

Flo lève son beau visage vers une vieille dame bossue qui passe, la salue, puis reprend : « Avant, dans les villages, les fous étaient porteurs d'un récit caché. En ethnopsychiatrie, on considère que ceux qui sont en dehors de la norme le sont parce qu'ils sont les messagers d'une autre réalité que la société ne veut pas voir. La folie a des vertus, dont celle de laisser parler la langue des "absents", c'est-à-dire les morts ou même des personnes réellement absentes. »

Leur sensibilité extrême, si singulière, pourrait donc nous faire comprendre des choses que nous ne voyons pas. Je pense à mon ignorance, au fait que la société, les médias, les séries, les films, à force de nous raconter, sous toutes les formes possibles, l'être maléfique qui nous emportera, nous le voyons partout. Nous ne sommes pas capables de faire le distinguo. Et quoi de mieux que leur différence pour projeter notre épouvante ?

Gérard ramassait des bouts de bois, passait un temps infini à éplucher l'écorce, à le poncer, puis, s'en servait comme d'un gros cigare. À la tombée de la nuit, il s'installait au balcon de la maison où il vivait avec son père, prenait son cigare en bois pour appeler sa mère disparue. Il lui disait : « Allô ? Maman ? C'est Gérard. C'est vrai, tu pleures ? »

Ce que je donnerais pour un téléphone-cigare avec ma Betty !

Gérard n'a jamais connu l'asile. Après le décès de son père, il est allé vivre chez une tante dans un village voisin. Elle a veillé sur lui jusqu'à son dernier souffle.

Alors quoi, faudrait-il donc laisser les fous libres ? Avoir confiance dans leur pouvoir de nous signifier leur folie ? Je suis admirative de l'ouverture d'esprit de Flo. J'aimerais pouvoir en faire autant.

Je songe au contenu de ma boîte à chaussures, aux centaines de lettres de Betty. Je n'ai pas encore tout relu. Peut-être existe-t-il un trésor encore enfoui, un sésame qui pourrait davantage élucider le mystère de mon choix pour Saint-Sauveur ?

Je farfouille dans la vieille boîte en carton. Je racle, encore et encore. J'ai beau chercher, rien de significatif n'émerge à la surface de mon passé.

Lettres déjà lues, d'autres où Betty raconte des expositions, relate des conversations, me répète que je devrais faire de l'écriture mon métier, me donne des nouvelles du Broc, me conseille *L'Homme révolté* de Camus. Alors que je crois être arrivée au bout de ce puits sans fond, je découvre une petite enveloppe bleu ciel.

Je l'attrape, l'ouvre, et la parcours en quelques battements de cils. Des mots apparaissent dans le désordre. Je ne comprends pas encore bien de quoi il s'agit, mais je saisis l'importance du moment. Je souffle un bon coup et reprends plus sereinement la lecture de la missive, tenue fermement entre mes doigts moites. Pour être sûre de ne pas me tromper, de ne pas prendre mes désirs pour des réalités.

Je photographie la lettre et l'envoie à Ed, comme pour m'assurer que lui aussi comprend la même chose. Il répond immédiatement « *WTF ?* », appuyé par quelques émojis.

Le 25 novembre 1996

Chère petite fleur bleue,

[…] N'oublie pas que tu devras un jour écrire sur ton « village français ».

Imagine tous ces personnages « farfelus », les querelles entre les gens, l'ambiance. Tu as lu Clochemerle *? Je ne veux pas dire que Le Broc ressemble à ce village. En fait, j'ai oublié depuis longtemps de quoi il s'agissait, mais je me souviens que c'était très drôle.*

Le Broc me fait penser à une scène de théâtre. Tu te souviens quand, avec tes amis, vous faisiez des spectacles sur la place du Campon ? C'était très gai. Hervé avec son accordéon, toi chantant ta chanson « Sur le colline aux coralines », Nanou et ses pirouettes.

Tu sais, il va falloir vendre la maison. Ta pauvre grand-mère est trop vieille pour monter tous ces étages.

Je serai très triste, et toi aussi, je suppose, mais c'est comme ça, c'est la vie, n'est-ce pas ? Alors n'oublie pas d'écrire sur ton village, tu me promets ?

Je t'embrasse très fort et encore plus fort !

Your Z.Z.

Depuis l'au-delà, elle m'adressait un signe, enfin non, bien plus que cela, une commande éditoriale.

Toute ma vie, elle avait semé des petites graines, une par une. Elle m'observait de loin pour voir si elles germaient. Par peur que ma détermination à écrire ne faiblisse, elle est venue frapper du poing sur la table, me rappeler à la tâche.

Quand Betty est morte, une chaude journée de juillet, elle est passée me voir.

Concentrée face à mon écran dans la salle de rédaction de mon agence de presse, j'ai senti une caresse dans mon dos. J'ai immédiatement su que Betty s'était éteinte. Qu'elle était venue me dire au revoir. J'ai frissonné et porté mon regard au-delà de la fenêtre, comme s'il avait été possible de la voir s'envoler vers un ailleurs.

J'ai appelé ma mère en sortant du travail. Effondrée, elle m'a confirmé le décès de Betty chez elle à New York, à l'heure exacte où j'avais ressenti sa présence. Je le savais bien, ce jour arriverait. Je l'attendais.

Les dernières années, je l'appelais moins, probablement pour m'habituer à son absence. L'idée de sa mort à venir me pinçait le cœur. C'était pourtant dans l'ordre des choses. Les grands-parents devaient disparaître, puis, implacablement, viendrait le tour des parents, et enfin le nôtre. Toute perturbation à cette hiérarchie des décès serait vécue comme inacceptable.

Quand Betty est morte, j'avais quarante ans et elle quatre-vingt-onze. Elle fut mon premier véritable décès. Jusque-là, pas un mort, pas un deuil, pas une larme. Il me manquait quelque chose : une mort pour me sentir vivante.

Z.Z. est partie un jeudi. Peter a fait savoir à la famille et aux amis qu'elle serait incinérée le samedi, deux jours seulement après son décès, et ce sans cérémonie. Certes, mes grands-parents n'étaient pas croyants et détestaient la mort. Ils faisaient tout pour qu'elle n'advienne pas. Et peut-être s'étaient-ils convaincus de leur immortalité. Le matin, ils gobaient des dizaines de pilules – compléments alimentaires de toutes sortes – pour tenir à distance leur finitude le plus longtemps possible. Lorsqu'un de leurs proches décédait, Peter et Betty faisaient comme si de rien n'était. Ils n'exprimaient que peu de tristesse et évacuaient l'ami de leur vie comme s'il n'avait jamais existé. Il fallait prendre garde à ne pas trop s'approcher de la Grande Faucheuse. Elle en profiterait pour les capturer. Pour conjurer le sort, Peter répétait chaque année : « Ça ne fait aucun de doute, je vais mourir cet hiver. » Invariablement, pour conjurer le sort, nous rétorquions : « Tu dis ça chaque année. »

Mais tout de même, chercher à se débarrasser de sa femme et du chagrin de la famille aussi vite me semblait insensé. Je ne pouvais pas laisser ma Betty partir comme ça, sans lui dire adieu. Elle avait beau être discrète et humble, j'avais du mal à croire que telle avait été sa dernière volonté. Maintenant qu'elle était morte, il fallait s'occuper des vivants. Et les vivants désiraient une cérémonie où déverser tranquillement leur peine. Sous pression, Peter a renoncé à son projet. L'incinération aurait bien lieu le samedi mais une salle funéraire serait mise à notre disposition pour faire ce que nous avions à faire.

À New York, le ciel gris, chargé de larmes retenues, étouffait. Un lourd voile enveloppait la ville. Les rues étaient sales, les visages fermés. Le New York qui faisait battre mon cœur, au rythme des pas décidés de Betty, avait perdu son âme. Cela ne voulait plus rien dire d'être dans cette ville.

Samedi, vers midi, nous nous sommes retrouvés, ma mère, mon père, mon frère, sa famille, mon grand-père, et deux amies de Betty dans un funérarium quelque part dans le sud de Manhattan. Nous avons formé un cercle, un peu à la manière des groupes de parole, avons lu des textes, échangé nos souvenirs, raconté des anecdotes. Tandis que sa femme accaparait toute l'attention, Peter, vissé à son fauteuil roulant, sourcils levés et lèvres pincées, ne disait rien. Mon père, incapable de gérer les émotions en général, et les siennes en particulier, se tenait en retrait, donnant le sentiment qu'il avait hâte de partir. Je crois que Betty aurait approuvé l'ambiance gaie et anticonformiste de cette cérémonie sans queue ni tête dont nous étions tous, à tour de rôle, les maîtres. D'ailleurs, elle n'était pas loin, à quelques mètres de nous derrière un épais rideau orange. J'ai beaucoup hésité à aller la voir, incertaine de vouloir garder cette image-là d'elle.

Il semble acquis dans le discours dominant que voir le cadavre de la personne aimée aide les vivants à prendre conscience de leur perte et, ce faisant, permet l'inévitable processus du deuil.

J'ai avancé vers le rideau orange. Je suis restée là un moment, yeux fermés, plongée dans mon indécision. Puis, attirée par une étrange force magnétique, j'ai tiré le rideau et suis entrée dans la pièce tamisée. Je me suis approchée d'elle, à pas de velours pour ne pas la réveiller. Elle semblait plus grande et plus jeune, telle la Betty de mon enfance. L'élégance en moins. Et pour cause, Peter avait choisi à la hâte des vêtements mal assortis. Elle aurait été scandalisée d'être vue ainsi en public.

Muriel, quelle horreur ! Ta grand-mère morte, et en plus, mal habillée !

Pour la première fois de ma vie, je notais des racines blanches dans sa chevelure éternellement abricot. Personne ne s'en était préoccupé.

« *Hi guys, I'm sorry but it's time to leave now* », a respectueusement annoncé un employé du funérarium. J'ai passé une dernière fois la tête derrière le rideau pour envoyer à Z.Z. des baisers d'adieu.

Dans son *Journal de deuil*, rédigé après la mort de sa mère, entre 1977 et 1979, Roland Barthes cite une lettre de Marcel Proust à son ami Georges de Lauris qui vient de perdre sa mère. « Quand vous serez habitué à cette chose affreuse que c'est [d'être] à jamais rejeté dans l'autrefois, alors vous la sentirez tout doucement revivre, revenir prendre sa place, toute sa place auprès de vous[47]. »

Il va sans dire que nous avons besoin de retenir ceux que nous aimons. Après sa mort, Betty n'est pas revenue prendre *sa* place, n'en déplaise à Marcel, mais une place différente, beaucoup plus imposante. Et plus les jours, les mois et les années ont passé, plus son existence s'est exacerbée, amplifiée, se superposant à la mienne pour ne former qu'une.

À cette époque, je raccrochais tout sujet de conversation comme un wagon au train de sa vie. Je sentais l'exaspération de mes interlocuteurs. Et la mienne parfois, mais je ne pouvais m'en empêcher. Ed, tendrement, se moquait : « Tiens, tu as encore réussi, par je ne sais quel tour de passe-passe, à évoquer Betty, félicitations, ça faisait au moins vingt-quatre heures ! »

Je lisais ses livres, portais ses vêtements, écoutais ses chanteurs favoris, regardais le monde à travers ses yeux. Je n'ai pas « fait mon deuil », comme on dit, puisqu'elle ne m'a pas quittée. Dans son ouvrage, *Au bonheur des morts*, la philosophe Vinciane Despret s'interroge : « Se débarrasser des morts est-il un idéal indépassable auquel nul ne saurait échapper s'il ne veut pas trop souffrir[48] ? » Je ne le crois pas. Pour ma part, hors de question de me débarrasser d'elle. Morte, Betty insufflait une nouvelle vie en moi. Ensemble nous étions plus fortes.

D'ailleurs, la philosophe est convaincue que certains morts existent « réellement ». « Leur puissance d'agir, ou plutôt de faire agir, leur capacité à s'imposer de l'*extérieur* traduisent l'effectivité de leur présence[49]. »

Dans l'au-delà, Betty acquérait une puissance et une détermination sans faille, qui lui faisaient défaut dans sa vie terrestre. Elle ne tergiverserait pas dans sa mission et ferait tout pour que je ne trébuche pas sur les obstacles de la vie. Elle me rappellerait sans cesse, par le biais de petits signes, et de plus grands, ce pour quoi j'étais faite et peut-être elle aussi.

Quelques mois après le décès de Betty, ma mère m'a apporté un épais carnet noir, usé par le temps, que sa mère m'avait dédicacé (« Pour Muriel »). J'ai d'abord cru à un journal intime, un début de roman ou quelque chose comme ça. En feuilletant les pages, je constate, un peu déçue, d'imposantes listes de livres.

Dans son essai, *Des heures à lire*, Virginia Woolf explique que le jeune lecteur impressionne le plus âgé. « Il suffit, pour rafraîchir notre mémoire, d'ouvrir un de ces carnets que nous avons tous, quel que fût le moment, eu tant de joie à inaugurer. (…) La plupart des pages sont restées blanches, c'est vrai : mais nous y découvrons que les premières pages sont couvertes d'une écriture étonnamment précise. On y a consigné les noms des grands écrivains rangés selon leur valeur ; on y a recopié certains des plus beaux passages des grands classiques ; on y a listé les livres à lire ; et, c'est là le plus intéressant, le lecteur, dans sa vanité juvénile, y a dressé d'une plume alerte, à l'encre rouge, la liste des livres lus. »

Les listes ont quelque chose de scolaire. On ordonne pour ne pas oublier. En me dédicaçant ce carnet, la jeune lectrice qu'elle était – je rappelle qu'elle a commencé à lire à la quarantaine – me transmettait les noms de ses auteurs préférés. Betty avait à cœur de m'offrir chaque année deux ou trois livres remarquables, dont la lecture en ferait à coup sûr mes livres cultes : Nabokov, Kundera, Bove, Mishima. Elle guettait le moment propice pour me chuchoter « J'ai quelque chose pour toi. » Dans un silence quasi mystique, elle saisissait les livres avec la plus grande délicatesse et attendait que je tende mes mains avant de me les remettre. Elle enfonçait son regard dans le mien avec un petit sourire entendu. La littérature était quelque chose de sacré qu'il convenait de vénérer.

Dans une première liste, Betty énumère cinquante-huit livres à emporter en France. Nous sommes en 1987. D'autres listes se succèdent jusqu'en 1993. Combien de valises lui fallait-il pour porter autant de livres ? Titres et auteurs sont annotés méthodiquement. Entre parenthèses, elle ajoute parfois (*1st*). Pour « première lecture » ? Mes yeux parcourent la liste. Je me demande comment elle élaborait sa sélection. Une suite logique des précédents ? Des recommandations ? Des sorties récentes ?

Des noms apparaissent : Sylvia Plath, Thomas Mann, Jean-Paul Sartre, Tanizaki, Joseph Conrad, Françoise

Sagan, Vercors, Simenon, Joan Didion, Mavis Gallant, Henry James, Nabokov, Kafka, Balzac, Colette, Julien Green, James Joyce, Virginia Woolf, Dostoïevski, Tourgueniev, Pouchkine, Edith Wharton, Tchekhov, George Orwell, Katherine Mansfield. D'autres sont de parfaits inconnus, ou devrais-je dire de parfaites inconnues : Joan Littlewood, Elizabeth Hardwick, Elinor Glyn, Ruth Prawer Jhabvala, Brooke Astor, pour n'en citer qu'une poignée. Est-ce mon ignorance ou bien ont-elles sombré dans l'oubli ?

Betty n'écrivait rien sur ses lectures. Elle n'en parlait pas non plus. Peut-être ne s'en sentait-elle pas capable sur un plan intellectuel – elle n'avait pas fait d'études. Ou bien estimait-elle que la parole ne pouvait qu'amoindrir, voire dénaturer la force des sentiments nés d'une lecture silencieuse, sacrée et personnelle.

Tandis que j'écris ces lignes dans le petit bureau perché au sixième étage de mon immeuble parisien, je lève mes yeux vers la lucarne en quête d'une pause. Le ciel, gris foncé, est bas. Il fera nuit avant l'heure. Le vent fait valser les branches des platanes, un peu trop proches du toit du vieil immeuble.

Ce chapitre est difficile à écrire. Je le redis. Betty est en moi depuis sa disparition. Ensemble, nous tournons le regard vers l'avenir, accomplissons des choses. Ce livre en est le meilleur exemple. Pourtant, je dois avouer ma crainte qu'une fois sa mission achevée, elle ne s'en aille. Je ne sais pas si je veux *passer à autre chose*.

« On dit trop rarement à quel point certains morts peuvent nous rendre heureux[50] », rappelle Vinciane Despret. Je songe aux étagères derrière moi, à droite de la porte, récupérées dans la rue. Elles ne sont pas très jolies mais de la parfaite taille pour abriter les quelques livres de Betty, sauvés *in extremis* avant que ma mère ne les donne à un libraire de La Charité-sur-Loire. Des ouvrages comme mille éclats de sa vie qui continuent d'illuminer la mienne.

Toute ma vie, j'ai rêvé d'avions qui s'écrasent. Le plus souvent, je suis au sol et regarde les engins s'abîmer. D'autres fois, je suis à l'intérieur de la cabine passagers. Chaque fois, la même phrase – « J'étais sûre que ça allait arriver » –, une terreur mêlée à une étrange fascination. Le cauchemar prend toujours fin avant la mort.

Je m'apprête à m'installer un temps à Saint-Sauveur. Seule, pour écrire. Pour moi, c'est colossal. Plus je m'approche du jour J, plus mes nuits sont privées de sommeil : mélange d'excitation, d'agitation et de peur. C'est déstabilisant de sortir du cadre, de perdre pied. Je suis à l'écoute du moindre symptôme, craignant d'être contaminée par toutes les maladies du monde. Je compile des listes de choses à emporter comme si je partais à l'autre bout de la planète, dans un endroit sans livres, pilules, crèmes hydratantes, vêtements, croquettes pour chats. Je réfléchis à mon emploi du temps. Il faudra que je mette un réveil. À quelle heure ? Ni trop tard ni trop tôt. Il faudra faire du sport le matin avant le petit-déjeuner. Il faudra marcher. Seule. Me prouver que j'en suis capable. Dépasser mes limites, mes empêchements. Soudain, je songe qu'il me faudra une arme. Dans un moteur de recherche, j'écris : « armes pour se défendre ». Tout en haut des 94 440 000 résultats, on me propose « armes pour se défendre dans la rue ». À tort ou à raison, je ne crains pas la rue. En déroulant la liste, je trouve : « arme blanche de type poignard, couteau-poignard, matraque, couteau, arme incapacitante agissant par projection ou émission, comme certaines bombes lacrymogènes d'une capacité maximale de 100 ml. Armes à impulsion électrique de contact qui provoque une incapacité et agit à bout touchant ».

Cet arsenal est-il légal ? Je repense à la menaçante vitrine de l'armurerie de la gare de l'Est, à l'angle de la rue des Récollets et de celle du Faubourg-Saint-Martin, saturée de fusils, de carabines, de couteaux, de poignards, de pistolets, qui suscite en moi depuis vingt ans autant d'étonnement que de condamnation. La boutique a toujours été là, ancrée dans ce quartier autrefois sulfureux. On repousse la misère, la drogue et la violence plus au nord, là où elle est moins visible des touristes et des bourgeois. Plus de grands dangers ici au milieu des cafés, restaurants bobochics et autres librairies d'art ou magasins de mode. Je n'ai jamais vu personne y entrer ou en sortir. Qui donc s'y rend ? Voyous ? Apprentis flics ? Assassins ? Chasseurs ? Paranoïaques en tout genre, moi comprise ? Fous ? Aficionados de la vengeance ? Curieuse et parce que j'ai une bonne excuse, je décide d'en franchir le seuil.

Comme dans les westerns, plusieurs visages suspicieux se tournent vers moi. Je les entends penser : « C'est pas un endroit pour les bonnes femmes ici. Tu t'es trompée de boutique, la miss. » L'antre, privé de lumière naturelle, me surprend par son étroitesse. Je ne sais pourquoi, j'imaginais un vaste supermarché du flingue, du couteau, de la carabine avec tous les accessoires et *merchandising* qui vont avec. Je ne sais pas comment me comporter. Je suis ici en territoire ennemi, une espionne qui court le risque de se faire démasquer. Je feins de m'intéresser aux longs couteaux dans la vitrine quand un vendeur propose de m'aider. Je ne sais pas très bien quoi dire. Je bredouille que je cherche une façon de me défendre en pleine nature.

Je n'arrive pas à croire que j'ai prononcé ces mots.

Moi, acheter une arme ? Mais ça n'a aucun sens. Ce n'est pas mon genre. Le commerçant réfléchit un instant. Il se retourne vers la vitrine derrière lui et murmure :

— Alors, voyons voir, qu'est-ce que j'ai pour la pleine nature.

Il pose sur le comptoir un éventail de bombes gel poivre. Une d'entre elles a l'allure d'un tube de rouge à lèvres. Je ricane en imaginant une femme, sur le point d'être attaquée, sortir son rouge à lèvres.

« Attends chéri, je dois juste me faire jolie avant », et puis, ni vu ni connu, elle asperge son agresseur. Je saisis le faux tube de rouge à lèvres pour l'observer de plus près.

— Cet article est plutôt destiné aux jeunes filles qui veulent pouvoir se défendre lorsqu'elles sortent en boîte de nuit, précise le commerçant.

Comprendre : vous n'êtes plus une jeune fille et vous n'allez plus en boîte de nuit.

C'est vrai. Je suis une femme de cinquante ans terrorisée dès qu'elle sort seule au milieu des arbres, des champs et des prairies. Et il serait grand temps que cela cesse. Je veux reprendre le pouvoir, sortir quand je veux, où je veux, sans hésiter une seule seconde. Comme n'importe quel homme. Le vendeur prend son temps pour me décrire les avantages et les inconvénients de chaque flacon.

— Celui-ci est plus grand, donc moins discret, mais il contient plus de produit.

Je ne m'imagine pas me promener avec un insecticide *king size*. Je cherche une arme discrète que je puisse cacher au fond de mon sac à main. Il pointe une bombe, plus petite.

— C'est celle-là qu'il vous faut. L'arme est efficace jusqu'à deux, voire trois mètres, et je peux vous dire que l'assaillant sera complètement immobilisé pendant au moins quinze minutes. Vous pourrez même lui voler son portefeuille si ça vous chante.

Tout de même, je m'inquiète.

— Est-ce que l'agresseur gazé par mes soins pourrait souffrir de séquelles ?

— Absolument pas, madame !

Nous continuons de discuter de la terreur qui habite les femmes seules à la campagne.

— Et celles qui viennent de la campagne sont terrorisées lorsqu'elles débarquent à Paris, précise-t-il.

Au final, nous sommes toutes apeurées dès que nous quittons notre zone de confort. Je finis par opter pour la petite bombe, également capable de neutraliser un animal, pour dix-neuf euros. À la caisse, l'homme me demande ma pièce d'identité.

— C'est obligatoire, se justifie-t-il.

Je ressors de la boutique, stupéfaite de ce que je viens de faire.

En rentrant à l'appartement, je me regarde dans la glace et me trouve différente. Je pars pour moi. Ce n'est pas si facile de se le dire. Je pars pour mon bien. Je pars pour plonger dans l'activité aimée. Bien sûr, il y a la peur de la page blanche, de laisser les autres, de ne pas aimer ça. Et si je n'aime pas écrire, alors qui suis-je ?

Qu'est-ce que ça veut dire pour moi, pour mon couple, de ne plus dépendre d'Ed, de ne plus me regarder à travers lui, de ne plus m'enfouir dans notre relation fusionnelle ? Que se passera-t-il si je lève la tête, scrute au loin, si j'aime être seule, en ma propre compagnie, dans ma maison, mon village ? Si je trouve que j'y suis bien, que je ne veux plus rentrer à Paris, reprendre le travail et les vieilles habitudes ? Que signifie *ne plus dépendre*, dans une relation ?

Lorsque mon amie Eunice est tombée amoureuse de Ken à l'âge de quarante-deux ans, elle était forte et furieusement indépendante. Féministe radicale, elle ne voulait surtout pas s'amouracher d'un homme dont elle devrait s'occuper. Elle observait avec effroi ses amies militantes, en couple, obligées de recourir à des ruses ahurissantes pour pouvoir se regarder dans le miroir avant d'aller manifester. L'une d'entre elles, très fortunée, avait même embauché une cuisinière, son mari refusant obstinément de faire sa part à la maison.

Eunice avait bien choisi. Son homme, un artiste peintre, avait toutes les qualités qu'une féministe aurait pu désirer : beau et sensible, il cuisinait merveilleusement, faisait les courses et ne rechignait pas à nettoyer la maison. Peu de temps après le début de son idylle avec Ken, Eunice a développé une peur panique de l'avion. Sa phobie s'est peu à peu propagée à la conduite, au point de ne plus pouvoir prendre le volant. Quelques années de psychanalyse lui ont permis de comprendre qu'elle avait cédé une part de son pouvoir à Ken. Inconsciemment, elle a cru que pour garder son mari auprès d'elle, pour qu'il se sente « homme » à ses côtés, il lui fallait être fragile, dépendante. La plus radicale des féministes avait, à ses dépens, intégré l'idée selon laquelle un homme, pour se sentir valorisé, doit protéger sa femme. Et que sans cette composante elle risquait de le perdre. Cette notion est si profondément ancrée que même les féministes les plus chevronnées, comme Eunice, tombent dans le piège. Après des décennies sans conduire, Eunice a repris le chemin de l'auto-école.

Je rechigne à l'écrire mais il faut bien m'y résoudre. Mon premier jour à Saint-Sauveur, je me réveille malade. Encore une fois. J'enrage. Voilà ce qui arrive quand j'investis en moi, dans mes rêves.

Les premiers temps de mon séjour, je suis une ombre. Je me lève le matin fiévreuse, tête plongée dans un épais brouillard, nez bouché, gorge gonflée, bronches encombrées. Je prends mon petit-déjeuner, me recouche et m'endors, terrassée par la fatigue et la culpabilité. L'après-midi, je m'oblige à m'attabler à mon bureau, face à la fenêtre, offrant une triste vue de maisons aux volets fermés. La chaleur n'aidant pas, je suis amorphe. Mollement, j'ouvre l'ordinateur, clique sur mon fichier « La conquête de l'espace », regard perdu dans la nébuleuse de mes attentes.

Rien ne vient. Les jours passent et toujours rien. Le flot des mots s'est tari. J'amorce des débuts de phrases que je ne finis pas. Quand je tapote sur mon clavier, les touches restent enfoncées, dépourvues d'énergie. Je songe à cette scène du film *Melancholia*, de Lars von Trier, où le personnage dépressif, Simone, avance avec la plus grande difficulté. Comme mes touches, ses pieds, englués au sol, peinent à se relever. Je bute contre l'essence même de mon livre.

Pour reprendre le fil, je relis des chapitres, les modifie à la marge. Mais j'ai beau essayer, j'échoue à pénétrer cet état de grâce dans lequel la vie prend tout son sens. Sylvia Plath expliquait qu'il lui fallait écrire pour traduire la vie. « Je ne peux me contenter de ce travail colossal que représente le fait de simplement vivre. Oh non, il faut que j'organise la vie en sonnets et sextines, et procure un réflecteur verbal à l'ampoule de soixante watts que j'ai dans la tête[51]. »

L'écriture est une énergie mystérieuse. Elle traverse notre corps avant de s'échapper par le bout de nos doigts. Une force secrète qui a le pouvoir de prendre le contrôle, donnant parfois au créateur l'impression qu'il n'est pas responsable de son œuvre. Vous devenez alors votre propre spectateur, absent à vous-même. « D'où vient notre travail ? Quel infime incident, quel miraculeux hasard met brusquement en marche les rouages de la création ? » interroge Carson McCullers, en référence à ce qu'elle nomme ses « illuminations ». « C'est un mot sur lequel il ne faudrait pas se méprendre, car j'ai traversé de nombreuses périodes où j'étais complètement *non illuminée*, effrayée à l'idée que je n'écrirais plus jamais. Pour un écrivain c'est la peur la plus angoissante[52]. »

Des jours durant, je vis barricadée. Je ne veux voir personne. Dans le silence moite de mon bureau, j'écoute les bruits de la maison. Cet après-midi-là, la pluie frappe les vitres, le vent se faufile où il peut : sous une porte, entre les tuiles, par la cheminée. Il fait chaud à crever et je suis seule pour la première fois dans cette demeure où je n'arrive pas à écrire.

Je me punis d'avoir tant espéré de moi. Bien sûr que je ne suis pas à la hauteur. Ma voix intérieure est si forte qu'elle recouvre le grondement de l'orage. Belle, attirée par une grosse mouche noire, se faufile dans mon bureau. Après quelques vaines tentatives pour attraper l'insecte, épuisée, la vieille chatte vient s'installer sur mes genoux. Je la caresse et la regarde. Je la remercie d'être là, auprès de moi. Je lui demande : « Pourquoi je n'y arrive pas ? » Ronronnante, elle frotte son visage rayé contre le mien. Je me tourne vers Wikipédia.

« Le syndrome de la page blanche, aussi désigné par le terme de leucosélidophobie, est un trouble psychique de l'écrivain, ou d'autres artistes, se présentant comme l'impossibilité de commencer ou de continuer une œuvre. Ce phénomène peut être dû à la volonté tellement grande de faire une œuvre parfaite que toute idée qui vient à l'esprit de l'auteur lui paraît systématiquement mauvaise, de telle sorte qu'il devient alors impossible pour lui de commencer ou de compléter son œuvre. »

L'image du capitaine Colette ressurgit. J'imagine les heures passées à son bureau, au premier étage de la maison familiale, à moins de cent mètres de chez moi, à tenter d'écrire sans jamais y parvenir. Je pense à sa profonde blessure, à sa déception, à l'impossibilité d'avouer cette faillite à sa femme et ses enfants, aux milliers de pages blanches trônant dans sa bibliothèque. La nuit, je rêve que j'échoue à mes examens. Que j'ai oublié de m'inscrire administrativement à l'université. Je rêve toujours de ce sentiment-là. Petite, j'échouais. Comme les avions, je m'écrasais au sol.

Au marché du mercredi, je croise Monick. Elle a tout perdu. Son mari, son statut, son aisance financière, un sein à cause d'un cancer. À soixante-quinze ans, cette ancienne Parisienne vit une vie rudimentaire dans une très vieille maison sans chauffage. Les épreuves l'ont rendue sage. La belle femme me regarde droit dans les yeux, et dit sur un ton mêlant bienveillance et autorité : « Ma chérie, tu n'es pas venue ici pour écrire mais pour vivre. »

Ses paroles ouvrent une porte salvatrice. Je m'accrocherais

à n'importe quelle branche pour m'empêcher de tomber dans le vide.

ChatGPT complète : « Quelle que soit la raison [à l'origine de la page blanche], il est souvent utile pour les écrivains de prendre du recul, de se détendre et de chercher des méthodes pour raviver leur créativité, que ce soit en faisant des exercices d'écriture, en explorant de nouveaux sujets ou en trouvant des sources d'inspiration. »

Je décide qu'il est temps de me confronter de nouveau à la nature, de marcher seule vers Moutiers, route désormais bien connue, vêtue d'un jean malgré la chaleur (avis aux violeurs !), et équipée de ma bombe lacrymogène que je glisse dans ma poche avant. Je me remémore la phrase de Nietzsche : « Seules les pensées qu'on a en marchant valent quelque chose. » Et là, j'ai désespérément besoin d'inspiration.

Le bruit de mes pas résonne sur le goudron. Je sens la moiteur de l'air. Saint-Sauveur-en-Tropiques. Je pense à mon oreille bouchée, au fait que je ne suis toujours pas guérie, notant toutefois un léger reflux de ma colère, de ma culpabilité. *Tu es venue ici pour vivre.* Sur la route du retour, j'entre dans une phase plus introspective, moins aux aguets des sons extérieurs. Je songe au fait que la maladie, la page blanche, la vie ici pourraient *in fine* constituer une matière intéressante pour mon livre et qu'importe que j'écrive ou pas durant ce séjour. À la place, je prendrai des notes. Je suis plongée dans mes pensées quand un joggeur, que je n'ai pas entendu arriver derrière moi, me double. Mon cœur tambourine. Je pose ma main sur mon arme pendant que le spectre du joggeur-agresseur s'éloigne. Pour éteindre ma peur, pour me sentir à ma place en pleine nature, je décide de marcher tous les jours.

Alors que je me rapproche de Saint-Sauveur, un homme au loin agite ses bras. C'est Patrick, le brocanteur-bouquiniste. Je suis aux anges de le voir.

— Ah ben c'est bien toi ! J'étais pas sûr de loin. Ça va mieux ? Qu'est-ce que tu as eu ? Justement on parlait de toi avec Christine. Tu veux entrer boire quelque chose ?

— Oh non, j'aimerais bien mais je dois rentrer, dis-je, avant de me raviser : En fait, oui d'accord, avec plaisir pour un verre.

Quelques jours plus tard, j'accepte d'aller dîner chez Jayne. Je commence à lâcher prise. Dans la grande cuisine de bric et de broc, nous sirotons des bières et fumons des cigarettes.

Jean-Loup, son voisin, un petit homme spécialiste du second degré, est venu pour l'apéro. Nous parlons de l'évènement magique qui s'est produit chez Jayne l'après-midi même. Durant sa session Zoom avec sa thérapeute, tandis qu'elle racontait avoir été négligée enfant, Jayne a entendu un gros bruit provenant de sa chambre. Après la séance, elle a trouvé l'urne contenant les cendres de sa mère renversée sur son bureau, les paillettes maternelles éparpillées au sol.

Face à nos mines ébahies, Jayne riait de bon cœur en racontant l'histoire. C'est sa mère qui lui a envoyé un signe, a-t-elle pensé. Si oui, que disait-elle ? Se rebiffait-elle ? *How dare you talk like that way about your mother ?* J'ai repensé au froid ressenti lorsque Betty est morte, à sa caresse dans mon dos, à la magie de la vie.

Je m'apprête à faire le grand tour encerclant Saint-Sauveur. Demain, je rentre à Paris. Chaque jour, je me suis lancé le défi d'aller un peu plus loin dans les chemins, d'affronter les ogres qui me barrent la route, chaque excursion semblant moins difficile que la précédente.

Ne nous y trompons pas, j'ai encore des frayeurs. L'autre fois, après le cimetière, sur la route qui longe le bois, alors même que je savoure de me voir marcher seule, libre et déterminée, une voiture ralentit derrière moi. Gorge serrée, respiration hachée, mains moites, je tâte la bombe dans ma poche. Le gros 4x4 gris roule un temps à mes côtés, menaçant, moteur grondant, jouant à me faire peur. Qui est-ce ? Tandis que j'affecte un air détaché, une vitre fumée finit par s'abaisser. Je reconnais Pierre, le patron du restaurant où nous avions dîné avec mes parents et Ed. Il me lance en riant :

— Bah alors tu n'as pas peur comme ça toute seule ?

— Non, de quoi ?

— Ben je sais pas moi, du méchant loup-garou ?

Je ris jaune et reprends ma route.

J'ai cherché à savoir, au cours de mon séjour, si les San-Salvatoriennes se promenaient seules dans les bois. La majorité me regarde comme si j'étais complètement folle. *Ça va pas non ? Pourquoi je ferais ça ?* Les rares qui répondent par l'affirmative ne sortent jamais sans un chien. Face à mon désarroi, elles me proposent gentiment de me prêter leur animal, ou que l'on se balade à plusieurs. Mais je veux tenir bon.

Il y a aussi Cécile, institutrice, qui vit dans une ferme près du village. Quand son mari part avec le chien pour la journée et qu'elle a envie de se dégourdir les jambes, elle prend son cheval par la bride, sans le monter. Tout plutôt que de se retrouver seule dans la forêt.

La vidéo « Homme ou ours ? », visionnée plus de seize millions de fois sur TikTok, révèle que, seules dans les bois, une majorité de femmes préféreraient croiser un plantigrade plutôt qu'un homme. Sous la vidéo, des milliers de commentaires soulignent l'ampleur du sentiment d'insécurité face aux hommes : « On sait à quoi s'attendre avec un ours » ; « si tu te fais attaquer par un ours, on te croira » ; « au moins personne ne demandera comment j'étais habillée si c'est un ours » ; « si l'ours ne se sent pas en danger et qu'il n'a pas faim, il y a une chance qu'il nous laissera tranquilles ».

Dans ces mêmes bois, Colette aussi a « tressailli de frayeurs suffocantes ». Pas à cause des hommes, mais par crainte de voir glisser devant ses pieds une couleuvre « bien sage, roulée en colimaçon régulièrement, sa tête en dessus, ses petits yeux dorés me regardant ; ce n'était pas dangereux, mais quelles terreurs ! » Malgré cela, elle finissait toujours par retourner dans *ses* bois. Seule, de préférence.

Moi aussi, candeur enfantine en moins, je m'évertue à retourner en solitaire dans les bois pour tenter de dompter cette trouille. Je sais maintenant qu'elle ne disparaîtra jamais complètement, car il y aura toujours un homme louche au loin, une voiture aux vitres teintées roulant trop lentement, un bruit inhabituel. Il y aura toujours, à la radio et à la télévision, des histoires de femmes étranglées dans les bois, kidnappées durant une promenade, violées puis brûlées. On essaiera de relativiser. Mais on n'y arrivera pas. Ou pas assez. J'accepte que je vivrai ainsi parce que je n'en ai pas le choix. Parce que c'en est fini de cette vie craintive. Au pire, que peut-il m'arriver ? Mourir ? Mais ne meurt-on pas un peu quand on n'obéit pas à ses désirs ?

Je commence par le chemin Colette, sentier étroit et caillouteux qui grimpe à travers les bois, récompensant le promeneur d'une belle vue vallonnée sur le village. Je m'enfonce dans cette nature fraîche et humide, au plus près de la vie. J'aimerais pouvoir humer les arbres et la mousse mais mon odorat, après des semaines de maladie, n'a pas refait surface.

J'observe la lumière tamisée par les feuilles, le bruit de mes pas étouffé par le silence de la forêt. Je ne sursaute pas au son d'un craquement de branches. J'oublie jusqu'à la bombe lacrymogène. Les bois, peu à peu, deviennent une extension de moi-même, pas un corps étranger ni une terre de danger. Les humains s'approprient un territoire, c'est comme ça. Je veux que cette terre soit mienne. Encore un peu d'effort, et je crois que je pourrais même me sentir à l'abri ici.

Je retrouve un Paris vide. Enfin non, un Paris bondé de monde mais vide d'humanité. Après ces longues semaines à Saint-Sauveur, je ne reconnais plus ma ville. Seule, car Nino et Ed ne sont pas encore rentrés de vacances, la cité me crache son mucus de dureté et de misère à la figure. Il me semble que tout le monde ici porte un casque, fixe un écran, s'extrait de la réalité. Chacun dans sa bulle de rien.

À Saint-Sauveur, personne ne regarde un écran de téléphone. En entrant ou sortant du café, les gens saluent l'assemblée à la cantonade. Ce n'est rien, et pourtant c'est énorme. On ne reste jamais longtemps seul à la terrasse du Point-Bar, ex-café de la Puisaye. Rapidement un groupe se constitue. *Je peux me joindre à vous ?* La suite réserve toujours son lot de surprises. Saint-Sauveur me rappelle les journées de jeux au Broc. Nul besoin de se donner rendez-vous, de se dire à quoi nous allions jouer. Sans se concerter, nos corps se rassemblaient, comme les pièces d'un même puzzle. Nous faisions société.

Je scrute les arbres. Je les trouve tristes, étouffés par l'ombre des immeubles et la chaleur du bitume. Ça me fait mal de les regarder. On dirait des animaux en cage.

Allongée sur le sofa jaune du salon parce qu'on n'est jamais mieux servi que par soi-même, je clique sur l'appareil photo de mon téléphone et enregistre une vidéo. Je dis sur un ton ferme mais bienveillant : « Bon, Muriel, écoute-moi. Maintenant tu vas arrêter tout ça et tu vas imprimer ton texte, tu vas le relire. Tu choisis le chapitre que tu as le plus envie d'écrire et tu t'y consacres sans peur. Et tu cesses de te torturer. Tu n'as pas le droit de lâcher. »

Le jour suivant, je m'obéis. Attablée à mon bureau, je choisis d'écrire sur mon retour au Broc. Je récupère photos et notes prises lors de mon voyage. Une phrase me vient, puis une autre. Peu à peu, je me sens m'enfoncer dans l'écriture, comme une insomniaque retrouvant le sommeil.

Près d'une année s'est écoulée depuis mon séjour à Saint-Sauveur et l'épisode de la page blanche. Douze mois que l'écriture est devenue ma compagne. Et maintenant que ce livre touche à sa fin, je ne veux pas la perdre. Je voudrais continuer cette danse. Pour conquérir cet espace de création, je me suis mise en orbite, long voyage en solitaire pour explorer une galaxie inconnue jusqu'ici. Il faudrait pouvoir rentrer sur Terre, mais je n'y arrive pas. Je crains, comme Major Tom, l'astronaute de David Bowie, d'errer éternellement dans le vide sidéral.

Je vois ceux que j'aime, entends leurs paroles, mais je suis loin, à des années-lumière. Mes plus proches s'en rendent compte. J'appelle Maïa, mon amie de toujours. Je fais semblant d'être là, mais elle sait que quelque chose cloche. Je lui avoue : « Je ne sais pas comment revenir. » Après un court silence dans le combiné, elle dit : « C'est pas grave de flotter dans l'espace, tu sais, parfois ça arrive. Tu vas finir par atterrir et, si tu ne le fais pas, on viendra te chercher. »

Me revient l'histoire de Sergueï Krikaliov, un cosmonaute soviétique envoyé en mission en 1991 vers la station MIR, symbole de la puissance soviétique dans l'exploration spatiale. Pendant ce temps, l'URSS s'est effondrée, laissant Krikaliov en orbite pendant plus de dix mois, deux fois plus longtemps que prévu. À son retour sur Terre, il a atterri dans un pays qui n'existait plus, devenant « le dernier citoyen soviétique ». Durant son voyage, Krikaliov a eu la nostalgie de sa famille, de ses amis. Tout simplement, la Terre lui a manqué. Dans un entretien, il explique : « J'ai eu la nostalgie du chant des oiseaux, des odeurs de la pluie. Dans la station, on a la même sensation olfactive tout le temps. Petit à petit, au fil des mois, cette monotonie devient désagréable. Il y a eu des tentatives pour y remédier, restituer artificiellement dans la station le bruit et l'odeur de la mer, du vent. Mais ça ne marche pas. À tout moment, l'exclusion du milieu naturel pèse sur les sens des cosmonautes. »[53]

Moi aussi je ressens cette nostalgie des choses terrestres. Ed, Nino et mes amis me manquent. Peut-être ai-je peur moi aussi de rentrer dans un monde méconnaissable. Car qu'est-ce qu'un monde quand on ne l'écrit plus ? Ne le traduit plus ? Je repense à Sylvia Plath qui ne peut se « contenter de ce travail colossal que représente le fait de simplement vivre ». Ed s'impatiente de me voir terminer ce livre. Souvent, il m'observe perdue dans mes pensées, retranchée derrière un mur de silence, flottant de la façon la plus étrange qui soit. Il me demande où je suis. Je le regarde mais ne réponds pas. Il approche son visage un peu plus près du mien et se met à chanter : « *This is ground control to Major Tom, Can you hear me Major Tom ? Can you hear me Major Tom ?* »

« Écrire c'est aussi ne pas parler. C'est se taire. C'est hurler sans bruit, écrit Duras. Ça rend sauvage l'écriture. On rejoint une sauvagerie d'avant la vie. Et on la reconnaît toujours, c'est celle des forêts, celle ancienne comme le temps[54] », résume-t-elle. Je repense à l'état de sauvagerie ressenti, un an plus tôt, seule dans les bois.

Près d'une année aussi depuis que j'ai pris, pour la première fois, une distance avec ma mère. Une distance saine qui laisse de l'espace, du temps. Pour apprendre à ne plus exiger. Pour comprendre que, si je veux grandir, m'épanouir, écrire, il faut me détacher. Cela fait longtemps que je l'ai admis sur le plan intellectuel mais que j'échoue sur le plan affectif. Tout à coup, un soir de mai, je l'ai compris dans ma chair. Jusque-là, sa présence était là, en moi, permanente. Enfin non, pas une présence mais plutôt un manque. Cette quête obsessionnelle pour recouvrer cette chose perdue après l'enfance, entre l'amour, la folie et la possessivité.

Toutes ces années, j'ai cru que nos désaccords, ma colère, ma rage, les siennes, étaient temporaires. Qu'un jour, nous allions nous retrouver autour de ce si grand Amour que nous avions vécu. J'ai échoué à prendre conscience que mes attentes étaient illusoires. Combien d'années faut-il pour admettre qu'on ne change pas les gens ? Je voulais une mère qui n'existait pas.

Moi, sa princesse, un peu comme elle fut la princesse de son père. Répétition d'un schéma destructeur. Toujours le même. Ma mère a passé sa vie adulte à tenter de comprendre pourquoi son père, si aimant quand elle était petite, l'avait lâchée à l'âge adulte. Il disait être déçu par une fille qui n'était pas devenue ce qu'il aurait voulu. « Devenir ce que quelqu'un a imaginé pour nous, ce n'est pas la liberté – c'est hypothéquer notre vie contre la peur des autres », écrit Deborah Levy dans *Le Coût de la vie*[55].

Je me souviens avoir vu ma mère empêtrée dans son chagrin. J'ai essayé de l'en sortir. De lui dire : « Il faut accepter ton père comme il est, il ne changera pas ».

Pourtant, plus tard, je suis tombée dans le même piège, incapable de l'accepter, elle, telle qu'elle était. Il faut bien l'admettre : c'était moi qui désormais rejetais ma mère. J'exigeais qu'elle soit parfaite, selon ma propre définition de ce rôle. Un modèle de femme libre, émancipée, indépendante, tout en étant présente pour aimer, écouter. Un jour, lors d'un échange téléphonique tendu, alors que je lui faisais un reproche, elle m'a dit qu'elle avait *tout* sacrifié pour moi. Interloquée, je lui ai demandé de préciser sa pensée. « Mais qu'as-tu sacrifié au juste ? » ai-je rétorqué, sûre qu'elle n'aurait pas de réponse. J'ai attendu dans le silence du combiné. J'ai senti qu'elle raclait le fond de sa pensée sans succès. Elle a élevé la voix, et répété avoir tout sacrifié pour moi. Après réflexion, j'ai mis mon sarcasme de côté et je l'ai crue. Elle n'était pas en mesure de décrire ses sacrifices parce que, au fond, les injonctions sociétales, le contexte familial, sa propre insécurité aussi, avaient tué ses désirs avant qu'ils ne puissent éclore. Cela en disait long sur un regret, celui d'être passé à côté de quelque chose d'autre, une autre vie peut-être, où le mari, les enfants, la maison n'auraient pas été au centre de tout. « Me suis-je moquée de ma rêveuse de mère pour ensuite l'insulter parce qu'elle n'avait pas de rêves ? » interroge Deborah Levy dans le même ouvrage.

L'on attend tout des mères, peu des pères. Puis nous leur en voulons de ne pas être à la hauteur. Elles ne sont pas des super-héroïnes invincibles mais des êtres humains. Laissons-les tranquilles ! Jamais je n'avais remis en question l'idée que ma mère me devait un amour inconditionnel et total. Je l'avais enfermée dans la prison de la maternité pour le restant de ses jours. À sa manière, elle m'a dit d'aller me faire foutre et elle avait probablement raison. Je ressens une forme de honte en écrivant ces lignes. Moi, la féministe qui veut, à tout prix, que les femmes accèdent à leurs désirs les plus profonds, surmontent leurs empêchements, se sentent libres de tout, comment ne pas avoir compris cela plus tôt ?

De nombreuses écrivaines ont pris conscience que pour ne cesser d'éclore, il leur fallait imposer une distance avec leur mère. Je pense ici bien sûr à Colette qui, peu de temps après son mariage avec Willy, s'est éloignée de Sido. Dans ses premiers romans, Colette a tout bonnement fait abstraction du personnage de la mère. Claudine vit seule avec son père. Sans cela, cette mère, à la personnalité si forte, si écrasante, l'aurait sans doute étouffée. Colette devait exister. Elle avait des choses à faire dans ce monde et n'aurait pu s'épanouir dans son ombre. Moi aussi, j'ai des choses à faire, à dire, à écrire.

Cette distance m'offre un nouvel espace à conquérir. Encore un.

Tout n'est pas perdu. Dans son livre *Monique s'évade*, Édouard Louis raconte que sa mère n'est plus sa mère. « C'est peut-être pour ça que le lien est devenu possible [...] elle est une amie, une femme qui parle de ses propres désirs, ses envies, ses rêves. » En parallèle Édouard Louis s'acharne « à ne plus être qu'un fils, à être plus, à être mieux »[56]. Ces lignes m'ont laissée songeuse.

À Saint-Sauveur, nous fêtons les cinquante ans d'Ed avec nos amis, installés autour d'une grande table dans le jardin, profitant d'une chaleur inattendue pour un mois d'avril. Les jours précédents, j'avais hâte de célébrer ce passage, de ressentir, encore une fois, cette appartenance à ce village. Je voulais qu'il se sente entouré, aimé. Ce n'est pas si facile d'avoir cinquante ans. Je suis passée par là avant lui. C'est une drôle d'impression, après des années de labeur, d'arriver au sommet d'une montagne, de trouver la vue exceptionnelle, et de s'entendre dire qu'il va bientôt falloir redescendre. Tandis que la fête bat son plein, je ressens le besoin d'être seule. Sous prétexte d'aller chercher un pull, je rentre dans la maison, si jolie avec ses bougies, son papier peint ancien, son jazz ondulant hors des enceintes, ses meubles dénichés dans des vide-greniers, son odeur surannée. Il ne reste plus grand-chose de Madeleine Roux, hormis une desserte à roulettes, quelques chaises en bois et deux banquettes.

J'ai laissé filer la vieille dame pour m'approprier la demeure. En retour, la maison a ouvert en moi un nouvel espace de liberté qui me donne la force d'avancer vers mes désirs. Je m'introduis dans mon bureau et m'étends sur la banquette, celle-là même où je me suis allongée le tout premier jour, quatre ans plus tôt. La pièce a peu changé. Encore une fois, je caresse le mur couvert de petites fleurs bleues. Je songe à mon livre, à Betty, à Colette, à ma mère, au chemin parcouru. Je ferme les yeux.

Quand je reprends mes esprits, à mon grand étonnement, Betty est là, installée face à moi dans le fauteuil, droite comme un « I », jambes croisées. Elle lit mon manuscrit, sa touffe de cheveux abricot dépassant tout juste des pages. « Zoozee ! Mais que fais-tu ici ? » Concentrée, elle ne répond pas. Je répète ma question, élevant la voix, mais elle continue de m'ignorer. Je me mets debout, tente doucement de lui retirer le texte des mains, mais elle ne me laisse pas faire. « Muriel, ta grand-mère lit un livre, je dois le finir avant qu'il ne soit trop tard ! »

Je fais semblant d'être agacée mais suis extatique de la voir là, fidèle à l'image que j'ai gardée d'elle. Je me rallonge sur la banquette. Comme à l'époque où, enfant, je l'observais, c'est une lectrice rapide. Son expression change au gré des pages. J'espère qu'elle n'est pas rebutée par son personnage, qu'elle se reconnaît, qu'elle aime l'histoire. Au bout d'un moment, elle pose le manuscrit sur ses genoux, saisit une tasse de thé à l'orange sur le bureau, et s'empare d'une petite madeleine. Certaines choses ne changent jamais. Son beau regard vert translucide, toujours aussi mystérieux, s'arrime au mien. Je voudrais savoir ce qu'elle pense mais elle ne dit rien. Je sens qu'elle aimerait me poser mille questions mais, au lieu de cela, elle s'engouffre de nouveau dans sa lecture. Ma chatte, effrayée par le bruit de la fête, vient se réfugier dans mon bureau, contente de m'y trouver. Queue alerte, elle bondit sur la banquette pour réclamer ses caresses du soir. Elle tourne son visage ronronnant vers Betty, laissant s'échapper un miaulement rauque.

Voit-elle ce que je vois ? Betty lève les yeux vers Belle avant de les baisser de nouveau. La chatte s'enroule contre moi, la queue posée sur ses yeux pour s'abriter de la lumière. Elle s'endort. Ses doux ronflements mêlés au bruissement des pages qui tournent m'apaisent. Il me semble que je pourrais rester ainsi pour l'éternité. Le battement de mes paupières finit par se faire plus lent, plus pesant, jusqu'à ce que les contours de Betty deviennent flous. Un temps je lutte mais bientôt je lâche, sombrant dans le sommeil. Alors que ma respiration se fait plus profonde, Betty pose le texte sur mon bureau et vient s'asseoir tout près de moi. Je sens sa main caresser mes cheveux, mon visage, ses doigts sur mes paupières closes. Ses lèvres chuchotent quelque chose de doux à mon oreille que je ne comprends pas. Lentement, j'ouvre les yeux. C'est Ed, ma tour de contrôle. Il est venu me chercher, me guider pour me ramener sur Terre. *Ça va, Major Tom ? Tu as atterri ?* Je le prends dans mes bras, le serre longuement, comme si je ne l'avais pas vu depuis des années-lumière, me frotte les yeux, et nous sortons retrouver les autres.

Il m'aura donc fallu une maison, un village et un territoire à moi. Quatre années, seize saisons, trouver le courage et les ressources nécessaires afin de surmonter mes empêchements et me donner l'élan d'écrire ce livre. Il aura fallu tout cela pour oser regarder dans un miroir grossissant mes désirs, inextricablement liés à mes peurs. Apprendre à discerner les uns des autres. Il m'aura aussi fallu écouter les murmures de Betty, suivre le chemin qu'elle avait tracé pour moi. Une chambre à soi ne suffisait pas. Trop petite, trop étouffante. Mais attention, s'arrêter dans la conquête de l'espace serait reculer. Je ne peux pas me permettre de reprendre mon souffle : c'est une question de survie.

Je songe à tout cela, cheminant à travers les bois. Je foule les feuilles les plus sèches et m'amuse de leur craquement sous mes pas étirés. L'appréhension est là, comme toujours, logée dans mes tréfonds. Ma petite bombe lacrymogène, au fond de mon sac, me rassure.

Je ne laisserai plus la peur décider à ma place. Je ne veux rien d'autre qu'être ici, maintenant. Je veux l'automne, la douceur du soleil sur ma peau, l'odeur de la terre. Je veux écouter ma pensée, sentir la puissance de mon corps.

Soudain, alors que je suis face à un arbre au tronc interminable, mon téléphone vibre. Un appel masqué. Je ne réponds pas. Je n'aime pas être interrompue lors de mes marches. Le sentiment est encore trop neuf. Le portable vibre de nouveau. Encore un appel masqué. Ma curiosité l'emporte. Je décroche :

— Madame Muriel Boselli ? La brigade des mineurs. Nous avons rouvert un dossier vous concernant.

— Me concernant ? Mais de quoi s'agit-il ?

— Une tentative d'agression sexuelle datant de 1995.

— Vous devez vous tromper.

— J'ai sous les yeux une plainte déposée par vos soins au commissariat du douzième arrondissement. Vous souvenez-vous de ce qui s'est passé ?

Je suis abasourdie. Un souvenir refait surface.

— S'agit-il de la fois où un homme m'a suivie jusque chez moi ? Après avoir posé mes courses dans ma chambre de bonne, je me suis retournée pour fermer la porte mais un homme était rentré. Il s'est approché de moi et j'ai hurlé. Il a pris peur.

— C'est bien ça. Pourriez-vous reconnaître votre agresseur ?

— C'était il y a presque trente ans ! J'avais complètement oublié cette histoire.

— Votre dossier est remonté dans le cadre d'une affaire de viol concernant une mineure. Vous êtes sûre que vous ne pourriez pas le reconnaître ?

— Je peux essayer.

Remuée, je reprends ma marche. Je suis à la fois en colère et soulagée. Cette voix qui surgit de mon passé vient me rappeler que tant d'hommes sont dangereux, que je ne suis pas à l'abri ici dans cette forêt. Elle vient en outre pulvériser la mise à distance opérée entre moi et mes souvenirs. Mais la voix me dit aussi que la police prend au sérieux une agression comme celle-là, que les choses peut-être évoluent.

Alors n'arrêtons jamais, promenons-nous seules dans les bois.

Je dédie ce livre
aux habitants et aux habitantes
de Saint-Sauveur-en-Puisaye,
qu'ils soient ou non cités dans ces pages.

Notes

1. François Vigouroux, *L'Âme des maisons*, Presses Universitaires de France, 1997.

2. Georges Perec, *Un homme qui dort*, Denoël, 1967.

3. Colette, *Claudine à l'école*, 1900.

4. Colette, *La Maison de Claudine*, « Où sont les enfants ? », 1922.

5. Colette, *En pays connu*, 1949.

6. Colette, *Claudine à l'école*, *op.cit.*

7. Colette, *Les Vrilles de la vigne*, 1933.

8. Colette, *En pays connu*, *op. cit.*

9. Colette, *Le Blé en herbe*, 1923.

10. Colette, *Sido*, 1929.

11. Colette, *Journal à rebours*, 1941.

12. Marguerite Duras, *Écrire*, Gallimard, 1993.

13. Tanguy Viel, « Quelques remarques sur la littérature américaine », *Vacarme*, janvier 2013.

14. « Comment écrire ce qu'on a dans la tête ? », émission « Avec philosophie », France Culture, 2 février 2023.

15. Lydia Flem, *Paris Fantasme*, Le Seuil, 2021.

16. François Vigouroux, *L'Âme des maisons, op.cit.*

17. *Paris je t'aime !*, recueil de textes de Colette, sélection par Frédéric Maget, L'Herne, 2014.

18. Colette, *Les Vrilles de la vigne, op.cit.*

19. Mona Chollet, *Chez soi, une odyssée de l'espace domestique*, La Découverte, 2016.

20. Laurence Kaufmann, « Comment la pandémie bouleverse nos interactions sociales », *The Conversation*, 20 janvier 2021.

21. Marguerite Duras, *Écrire, op.cit.*

22. Annabel Abbs, *Méfiez-vous des femmes qui marchent*, Arthaud, 2021.

23. Alberto Eiguer, *L'Inconscient de la maison*, Dunod, 2004.

24. Mohamed Mbougar Sarr, *La Plus Secrète Mémoire des hommes*, Philippe Rey, 2021.

25. Lydia Flem, *Paris fantasme, op.cit.*

26. Paroles de Jacques Demy, film *Peau d'âne*, 1970.

27. Entretien à la librairie Mollat, 7 septembre 2022.

28. Colette, 1900.

29. Gallimard, 2020.

30. Annabel Abbs, *Méfiez-vous des femmes qui marchent, op.cit.*

31. Simone de Beauvoir, *La force de l'âge*, Gallimard, 1960.

32. Friedrich Nietzsche, *Crépuscule des idoles*, 1889.

33. Friedrich Nietzsche, *Ainsi parlait Zarathoustra*, 1883-1885.

34. Jean-Jacques Rousseau, *Les Rêveries du promeneur solitaire*, 1782.

35. Jean Carrière, *Le Nouvel Obs*, chronique, 5 décembre 2022.

36. Georges Perec, *Un homme qui dort, op.cit.*

37. Colette, *Journal à rebours, op.cit.*

38. Colette, *La Maison de Claudine,* « Où sont les enfants ? », *op.cit.*

39. Colette, *La Maison de Claudine, op.cit.*

40. Colette, *Les vrilles de la vigne,* « Jour gris », *op.cit.*

41. Colette, *Sido,* « Les sauvages », *op.cit.*

42. Annie Ernaux, *L'Autre Fille,* NiL Éditions, 2011.

43. Christine Ulivucci, *Psychogénéalogie des lieux de vie : Ces lieux qui nous habitent,* Payot, 2017.

44. *Christine Ulivucci, op.cit.*

45. Colette, *La Maison de Claudine, op.cit.*

46. *Le Monde,* 12 janvier 2018.

47. 18 février 1907.

48. Vinciane Despret, *Au bonheur des morts : récits de ceux qui restent,* La Découverte, 2015.

49. Vinciane Despret, *Au bonheur des morts, op.cit.*

50. Vinciane Despret, *op.cit.*

51. Sylvia Plath, *Journaux. 1950-1962,* traduction Christine Savinel, Gallimard, 1999.

52. Carson McCullers, *Illuminations et nuits blanches,* traduction Jacques Tournier, 10-18, 2001.

53. *Libération,* février 2000.

54. Marguerite Duras, *Écrire, op.cit.*

55. Deborah Levy, *Le Coût de la vie,* traduction Céline Leroy, Éditions du sous-sol, 2020.

56. Édouard Louis, *Monique s'évade,* Seuil, 2024.

Muriel Boselli a également publié :

L'Énigme Margerie : Enquête sur la vie et la mort du magnat du pétrole français, Robert Laffont, 2016

L'intérieur est imprimé sur Munken Print White 80 gr
main de 1,5 et la couverture sur Wibalin Flexcover 265 gr.

Composition : Nord Compo à Villeneuve-d'Ascq
Achevé d'imprimé
dans les ateliers de Normandie Roto
Impression s.a.s à Lonrai (61)
Imprimé en France
ISBN : 978-2-487858-15-2
N° d'impression : 2405964
Dépôt légal : avril 2025